U0245971

从一枚鹅卵石
看地球通史

The Planet in a Pebble

［英］扬·扎拉斯维奇（Jan Zalasiewicz） 著

牛雨谣 译　马志飞 审校

中信出版集团｜北京

图书在版编目（CIP）数据

从一枚鹅卵石看地球通史 /（英）扬·扎拉斯维奇著；牛雨谣译 . -- 北京：中信出版社，2024.6
书名原文：The Planet in a Pebble: A journey into Earth's deep history
ISBN 978–7–5217–6451–2

I. ①从… II. ①扬… ②牛… III. ①地质学－普及读物 IV. ① P5–49

中国国家版本馆 CIP 数据核字（2024）第 058162 号

从一枚鹅卵石看地球通史
著者： 〔英〕扬·扎拉斯维奇
译者： 牛雨谣
出版发行：中信出版集团股份有限公司
（北京市朝阳区东三环北路 27 号嘉铭中心 邮编 100020）
承印者： 嘉业印刷（天津）有限公司

开本：880mm×1230mm 1/32　印张：8.25
插页：4　字数：147 千字
版次：2024 年 6 月第 1 版　印次：2024 年 6 月第 1 次印刷
京权图字：01–2024–1685　书号：ISBN 978–7–5217–6451–2
定价：65.00 元

谨将此书献给我那些探寻威尔士板岩秘密的同事。

这些故事凝结着他们的多年心血。

目录 | CONTENTS

引言

　　它是一枚再普通不过的鹅卵石。世上的鹅卵石以百万、千万计，可能躺在世界各地的海滩上，被海水来回冲刷；可能与其他石头堆在一起，懒懒地在河岸上晒太阳；也可能正巧被用来铺设你家的花园小径。它只是其中渺小的一枚。但它也是一枚有着厚重故事的鹅卵石，就和其他所有的鹅卵石一样。数不清的故事塞在这样一个坚硬的结构里，比那装满了沙丁鱼的罐头的密度都要大得多。

　　鹅卵石的大小可能会骗过你，让你觉得它承载的故事也不过尔尔。但它们的故事极其宏伟，所涉及的领域远超人类的想象与经验。它们的历史可以追溯到地球的形成——甚至更远，还要追溯到远古恒星的诞生与死亡。在鹅卵石光滑的外表之下，我们也可以一窥地球的未来。鹅卵石里有战斗、谋杀与突然的消亡，当然也有宁静的岁月，还有让魔术师都叹为观止的分子级别的魔术表演。这里有极度的寒冷，也有远超太阳中心温度的酷热。

人类喜欢讲故事。我们可以由任何日常物品展开想象，编织出关于精灵、公主、巫师、妖精与失落帝国的传说。我们天生就是讲故事的人，而且很有可能在神秘的史前时期就已经是这样了。

而在这里，我想讲述的故事来自研究者的发现，它们同样吸引人，还能带我们领略地球及周围宇宙的真实面貌。它们不是对地球过往的天马行空的想象，而是通过观察、测量、探测、分析、比较等方法所得的证据推导出的产物。

这些故事与虚构的传说一样精妙绝伦，令人不住称奇。不同之处在于，它们有相关证据支持，这些证据的获得往往得益于创造力、耐心与纯粹的坚持，有时也蕴含着机缘巧合。这些故事中不能含有在讲故事时已被证伪的内容。这并不是说我们描绘的过往世界就是完全真实的；它只是我们目前能做出的最合理的诠释，可能会与实际情况有些出入，具体取决于证据自身的力度。

我们并不是只会讲故事。人类掌握了精湛的技术，并设计出了各种在我看来近乎奇迹的检测、分析、测量手段。把技术支持和叙事能力结合起来，就能让遥远过往得以栩栩如生地重现。我们可以利用机器，把一枚鹅卵石放大到一座山那么大（或更大）来观察，寻找其中通向地球之谜的无数道路，每条路都通往那些早已消逝在时光里的地球（或宇宙）景观。

大多数故事如今都被埋藏在图书馆里堆积如山的纸质书籍

的某处，现在也有更多汇入了庞大的在线信息流。

一枚鹅卵石当中，有 13 条通向地球之谜的道路，我将分 13 个章节一一讲述。为什么是 13？因为这个数字刚好可以把那些故事组成一个闭环，或者至少是一条完整的故事链，由遥远的过去延伸到遥远的未来。还有一个理由是，我是一位英国地质学家，而英国（也可以说是世界范围内）第一个有组织的地质学会是 1807 年 11 月 13 日（星期五）在林肯律师协会广场大皇后街的一个酒馆里诞生的，该学会最初的成员也是 13 人。虽然很多人都会避开 13 这个数字，但我总觉得 13 是科学发展过程中的幸运数字，就当我是反过来迷信吧。

那么，我们该从哪里拾起鹅卵石，又该选择哪一枚呢？如果是在一座荒岛上，我会捡起哪枚鹅卵石作为饰品与纪念品，将它和美丽的贝壳、木雕与椰壳放在一起呢？我想，我会捡起威尔士海滩上的一枚灰色板岩鹅卵石，它可能来自威尔士西海岸的阿伯里斯特威斯、克拉拉奇或博斯等地，也可能来自内陆的阿斯特威斯河、赖多尔河或克莱尔文河等砾石遍布的河岸。我与威尔士峭壁、悬崖和山坡上的岩石相伴度过了大半生，一直致力于探寻石头中的远古历史。海滩和河岸上的砾石主要来自悬崖上受侵蚀的岩石，通常呈圆盘状，可以被放入手中把玩，或被海浪抛起，在水面上弹跳滑过。

在潮湿的日子里，或者把这些鹅卵石浸入水中，它们就会显现出深浅不一的灰色和蓝灰色，通常还会呈现出精致的条纹。

有的石头表面被细细的白线横切，就像冰冻的闪电；有的石头上还有金色或红色的斑纹。这些形状、纹理和颜色都有自己的故事。

是时候选一枚好鹅卵石了。不如……就拿那枚吧！我们就从这里开始。

第 1 章

星尘

盘点工作

　　什么是鹅卵石？它是被浪花打磨过的岩石，一种复杂的矿物结构，一小部分的海滩，也是一颗承载历史的时间胶囊——每种定义都有它的由来，我们将在后面逐一讲解。而从另一个角度也可以说，鹅卵石是各式各样、数量庞大的原子集合体。我们就从原子讲起。在原子的水平上看，鹅卵石就像是一大袋混装糖果，而我们要将每种糖果挑出来各堆成一堆。这袋"糖果"究竟有多大一堆？鹅卵石里究竟有多少原子？

　　有个简单的公式可以用来估算任何一块物体中的原子数量。阿莫迪欧·阿伏伽德罗是皮德蒙特（位于今意大利）的克雷塔和切雷托伯爵，也是一位学者、专家和教师（虽然他的教学经历一度被他的革命和共和主义倾向短暂打断——国王就住在附近，他支持共和主义多少是有点儿不礼貌了）。阿伏伽德罗对物质中的粒子（原子、分子）与物质的体积、质量之间的关系很感兴趣。多年后，其他科学家对他的这些早期研究进行了改进。一个多世纪后，相关研究结果被命名为阿伏伽德罗常量，它规定每摩尔（mole）的任何元素都有约 6.022×10^{23} 个原子。这里的"摩尔"既不是指毛茸茸的鼹鼠，也不是指皮肤上的斑点或痣（它们的英文都是mole），而是对任何元素（以克为单位）原子量的规定。因此，对氧元素来说，1 摩尔氧原子就是 16 克，因为 16 是氧的原子量，1 个氧原子核内共有 16 个质子和中子。

把我们的这枚鹅卵石放在厨房秤上，显示重量为 50 克，其中大约一半是氧元素（原子量 16），剩余一半中大部分是硅元素（原子量 28）和铝元素（原子量 27），还有零星原子量更大的元素。因此，可以合理推测鹅卵石的平均原子量大约是 25，也就是说，这块 50 克重的鹅卵石包含了（大约）10^{24} 个原子。如果原子如糖果般大小，那么想要装下这些五颜六色、多种多样的"糖果"，我们需要的袋子就得有月球那么大。[①] 由此，相信你也可以体会到周围的亚微观世界是多么巨大。威廉·布莱克曾以"一沙一世界"的诗句闻名，事实表明，他关于沙粒与世界的绝妙比喻和原子与物质的真实比例相比，只有大约一个数量级的差距。

①　假设原子有糖果这么大，我们可以通过计算得到这一点。月球的体积约为 200 亿立方千米（这是一些耐心的天文学家计算出来的），1 立方千米等于 1 万亿升——1 升就是我们厨房所用量瓶的容量，里面可以装 50 块糖果。这些数字相乘，约为 10^{24}，与我们鹅卵石中的原子数接近。

一枚鹅卵石包含的原子数量很庞大。但它的原子都是什么类型的呢？来盘点一下吧。如今，我们已经有了原子计数器。非常豪华昂贵的计数器几乎可以做到逐个原子计数，不过实验室一台普通的原子计数器（确切说是一台X射线荧光光谱仪）也能为我们提供合理的初步估计。光谱仪不是逐一数原子的个数，而是测量不同类型原子（属于不同元素）的比例。想要通过实验测定元素比例，就必须先把鹅卵石碾碎。但故事才刚开了个头，我们的鹅卵石不能这么早就"光荣牺牲"。那就碾碎一块和它差不多的石头吧，实验结果也同样适用。毕竟，石头跟石头都是一样的（不过，至少要与那枚鹅卵石来自同一悬崖岩层、同一片海滩才行）。

光荣牺牲的石头会被碾碎，压成颗粒，或者熔化成石玻璃珠。然后，一束高能X射线射向石头样品，把一些电子从轨道上"敲"了出来。其他电子则跳下来填补它们的空位，在此过程中原子发出辐射（光子），这些光子的能量体现出每种元素的特征，因此可以说是元素的"指纹"。这些光子及其能级可被非常精确地探测与测量，由此，我们可以测量出样品中元素的比例，精确到几个百分点。

我们就像是原子会计师，估测着鹅卵石中各种元素的近似百分比。迄今为止，在鹅卵石的"资产负债表"上，氧原子最常出现。按质量计算，氧在鹅卵石中约占50%，这比它在大气中的占比（21%）还要大。惊讶吗？可惜，鹅卵石不能用作氧气瓶。如果真能，宇航员就可以在月球和火星上轻松呼吸了。在鹅卵石中，氧元素被锁住，与硅和铝紧紧地结合在一起，搭起了鹅卵石的矿物框架，即各种硅酸盐。关于这些，我们马上会详细介绍。在矿物框架中，还有其他主要成分，如铁、镁、钾、钠、钛，每种成分的重量都在百分之几。此外，鹅卵石中还有各略低于 1% 的钙、锰和磷。实验过程中可能还会有些损耗，比如将岩石粉末放在烤箱中烘烤时，水分会被烤干，这样一来大部分的氢会随之流失（水是氢原子和氧原子结合形成的），可能也会损耗少量的碳。

除了上述这些元素，鹅卵石中还有稀有元素，它们往往以百万分之一（ppm）为单位，虽然含量稀少，但种类繁多。有些稀有元素我们很熟悉，含量在几十到几百 ppm 之间，像钒、铬、铜、锌、铅、钡；其他的就不那么出名了，比如铷、锶、钇、铈、镧、铌。有一两种元素有点儿危险，比如砷。其中有些原子具有放射性，它们原子核中的中子与质子的比例不完全合适，因此它们的原子核内部不稳定。这些放射性原子短则数微秒后，长则数十亿年后（具体取决于原子的类型），将衰变成更小的原子。原子衰变时，也会产生我们闻之色变的辐射，如高能电子、伽马射线，或中子质子成对被束缚在一起形成的粒子等。比如铀，它有不下 16 种不同原子类型（被称为同位素）都具有放射性，每种同位素的中子数量都不相同，但质子的数量均为 92。类似的放射性原子还有钍，以及钾、钐和铷的一些同位素。

鹅卵石中还有更稀有的元素，含量以十亿分之一（ppb）为单位。为了探测这些元素，我们需要更加灵敏的设备——质谱仪。在质谱仪中，鹅卵石材料形成的等离子体被加速，并受到磁场的作用，这样当带电的原子（离子）流射入精心放置的探测器时，不同原子会由于重量不同而被仔细筛分。这当中就有诗人和海盗偏爱的元素：金、银和铂。从比例上说，这些元素极为稀少，但在一枚鹅卵石中，每种元素的原子数量也达到了数百万。毕竟，在一片无边无际的丛林中，即使是最稀有的兰花也会有很多株。到了这个层面，与其说我们的鹅卵石中包含哪些元素，不如试图探究它不包含哪些元素。

很难找到鹅卵石中没有的元素。铱经常被认为是地壳中最稀有的元素，平均含量为十亿分之一。如果仍以每枚鹅卵石中有 10^{24} 个原子来计算，我们将震惊地发现，每枚鹅卵石中一定有 1 000 万亿个铱原子，不过它们在这浩瀚的原子之海中几乎被稀释到无法探寻了。

铱至少是稳定的。有些元素和铀一样，并不稳定。其中，最不稳定的元素是钋，它是铀衰变的副产物，半衰期不到 17 年。即使铀的含量只占了百万分之几，但在鹅卵石这个巨大的原子库中，顷刻间也有成千上万个钋原子难以察觉地进进出出。

此外，在元素周期表中，铀的后面还有一片区域，那是一个幽灵般的世界，其中的元素由于过重而非常不稳定，这一点与铀相似，但它们的半衰期要短得多。这部分中已知的元素大多数都是合成的：锫、锔、镄、钔……最近又有镆。其中一些元素，比如钔，可称得上是真正的稀有，也许这枚鹅卵石里一个钔原子都没有。但其他类型的超重原子，比如锔，我们现在已在核反应堆中大量产生，以千克为单位计。一旦这些超重原子散逸到风、浪和流水中，它们就将一并附着在我们的鹅卵石、海滩上其他鹅卵石，乃至地球所有海滩上的所有鹅卵石表面。

我们的鹅卵石确实是宇宙的一个缩影。而鹅卵石中的这 100 多种原子，在宇宙中都有自己的位置，也都有着不同的历史。不过，我们需要把位置与历史分开来谈。这是因为，虽然鹅卵石能很好地代表地球上地壳的情况，但它与地球的其他部分及太阳系带内行星一样，在宇宙中并不具有代表性。宇宙中最多的元素是氢和氦[①]（这种情况也正在慢慢改变），而鹅卵石和它所在的地球主要由氧、硅、铁及类似的重元素组成；地球上的氢主要被锁在水中，氦含量则微乎其微。因此，我们需要解释，为什么鹅卵石和宇宙的普遍成分差别这么大。在这之前，还有一个问题：鹅卵石中的原子都来自何方？我想说，它们的诞生非同寻常，它们来到地球的旅程漫长得难以想象。无论是多强大的宇宙飞船，都无法穿过它们曾跨越的茫茫星海。

[①] 至少就物质而言是这样。目前从整体上看，宇宙的大部分似乎都是由其他一些神秘的东西构成的：一种我们称之为"暗能量"的东西，把宇宙推得四分五裂；另一种我们称之为"暗物质"的东西，又把宇宙的某些部分拉到一起。在宇宙尺度上，鹅卵石微不足道，其他所有我们熟悉的原子也是如此。

启程

这块鹅卵石旅程的起点在哪里？我们唯一知道的起点就只有"那刻"。鹅卵石来自那刻，组成鹅卵石的所有物质都来自那刻；组成我们这些此时正在思考着鹅卵石的生物的所有物质都来自那刻；人类赖以生存的地球来自那刻；人类深深凝望的星空中的一切都来自那刻。

那是历史上唯一的一刻。奇特的一刻。非同寻常的一刻。有某种东西被创造出来了，从无到有。它从极微小的起源向外扩展，直至成为宇宙的全部。这一过程被称为宇宙大爆炸，发生在大约137亿年前。

鹅卵石和宇宙中的其他物质一样，其来历仍然是一个深奥的谜。这枚鹅卵石的物质、它所属的威尔士山丘的物质、它所在的地球的物质、太阳系的物质、银河系的物质、无数远近星系的物质，是如何从一个点（一个许多人认为根本没有大小的"奇点"）膨胀成现在的样子的？奇点膨胀的速度又为何如此惊人？人们认为，在不到一秒钟的时间里，奇点就从微观尺寸扩张到了比银河系还大的体积，这样的速度似乎远超光速。

我们的这枚鹅卵石中的原子，在矿物框架中显得如此安静稳定，这些是亚原子粒子、夸克和轻子以及它们的亲友们在宇宙大爆炸后的"激烈战斗"中为数不多的幸存者。那是一场在数万亿摄氏度的高温下进行的激烈战斗，从未重演过。粒子和反粒子相互湮灭，释放出的能量进一步助燃了这把宇宙之火，大部分粒子都没能幸存下来。

会不会有某些区域的反物质从这场战斗中逃脱了，最终在某个遥远的反星系的反行星的反海岸上形成了反鹅卵石？我年轻时曾在自己创作的科幻小说中写下过这样的想法，天文学家也曾在夜空中寻找反物质星系与普通物质星系相遇时发出的闪光——如果它们相遇，相反的粒子会转化为纯粹的能量。可惜，我们目前还没发现这种闪光。要么是在宇宙诞生的最初几分钟里，物质以绝对优势胜出了；要么就是那些反物质鹅卵石位于离我们无限遥远的反海岸上，即使是最强大的望远镜也无法看到。

不管是哪种情况，在宇宙诞生不到一秒的时间里，鹅卵石中的原子就已经开始接近我们熟悉的样子了。宇宙在急剧冷却、急速膨胀，整个儿是一座核聚变的熔炉（将会产生未来的原子核），温度也迅速下降到 10 亿摄氏度。质子和中子就在此时出现了。质子本身就是一个简单的氢原子核，它过去是、现在仍然是可见宇宙中最常见的"建材"。让一个中子撞入一个质子，两者就结合成一个氘核；再撞入一个质子（还可以再多撞入一个中子），就变成了氦核。大量的氦就是这样产生的，差不多占当时形成的物质的 1/4。极小部分情况下，又有一个质子成功地撞入，于是出现了微量的锂核。

就这样，距离大爆炸已过去了三分钟。至此，至少就鹅卵石中的物质而言，一切都已经形成了。由原子核和电子组成的等离子体在一个像豌豆汤一样不透明的宇宙中不断向外发射。在成群乱转的大量粒子团中，光子不断地被发射和反弹。

25 万年过去了。然后，就有了光。宇宙变得透明了。电子被捕获，形成了中性原子；光子终于得以穿过越来越稀薄的粒子，照亮了整个宇宙。这时，组成鹅卵石的原子沐浴在宇宙的辉光下，而宇宙的温度只有 3 000 摄氏度。在之后 137 亿年的时间里，强烈的辐射已经变暗，宇宙的温度也冷却到了绝对零度以上 3 摄氏度。如今，天文学家仍然可以在天空中的每一个角落探测到这种微弱的余辉，这就是宇宙微波背景辐射。

这是朝着我们熟悉的"正常状态"迈出的一大步。粒子仍不断向外发射，其温度飞速下降，这让电子可以被碰撞产生的原子核俘获，并进入它们几乎将永恒占据的轨道（当然，在我们所知道的电现象中，电子很容易在原子之间乱窜）。原子首次出现了：有氢原子、氦原子和少量的锂原子。

我们这枚鹅卵石上的一些原子就这样诞生了。其中，石头里水分子中的氢原子的血统最为古老。但它并不"显老"：它的质子还像新的一样，唯一的电子还像刚进入轨道时一样不知疲倦地运行着。

鹅卵石中其他大多数原子的诞生则需要等待更长的时间。它们的原材料来自早期膨胀宇宙中的氢云和氦云。要制造这些较大的原子，还需要进一步熔炼，而当时还没有这样的熔炉。

大爆炸的辉光逐渐消退，温度不断下降，宇宙暗了下来，原子处于一片不断扩大的黑暗之中。气体云的时代到来了，宇宙的发展开始不均匀起来。之所以能有接下来的故事，能出现记录这些故事的人，都是因为大爆炸的不完美。

如果最初的大爆炸是完全规律的，它的产物完全均匀地扩散到不断膨胀的宇宙中，那么整个宇宙会变得越来越稀薄、越来越冷，原子将孤独地分散开来，彼此间的距离越发遥远。但是，那场爆炸中出现了波动和不规则现象，即使是现在，我们也能看到弥漫在外太空的原始、几乎冷却的宇宙余辉的强度的区域性变化。

在气体云较厚的地方，引力（大爆炸的另一项重要发明，大爆炸还产生了其他物理定律和力）开始发挥作用。在早期宇宙漫长的黑暗时代，氢原子和氦原子，以及极少数锂原子，开始慢慢地被吸引到一起。在质量更大的云团中，气体不断坠落到密度越来越大的巨大气体球的核心。由于无法继续前进，气体开始减速。在被压缩的过程中，它的动能转化成了热量。当其中一个气体球中产生的热量首次达到 1 亿摄氏度左右时，核反应开始，宇宙的某处闪耀出一束新的光芒。第一座星星熔炉开始运转，第一颗恒星诞生了。

恒星的诞生是创造大部分鹅卵石的必要前提，但要创造出真正的鹅卵石，我们还得再等一等。因为，一颗刚刚点亮的恒星的内核还不足以培育出比氦更大的原子，而 1 亿摄氏度的温度对创造鹅卵石来说还是太低了。不过，在这种温度下，一个高速运转的氢原子核有足够的能量克服质子间的静电斥力，与另一个原子核发生碰撞。一旦它们靠得足够近，强核力就能把两个原子核锁定在一起。然后，4 个氢原子核（质子）通过一系列反应结合在一起，形成一个氦核，在结合的过程中，原子核的质量损失了一小部分。爱因斯坦发现的世界上最著名的方程式 $E = mc^2$ 显示，这部分损失的质量已经转化为能量，而且是相当巨大的能量。这一公式简单地说明，原子核碰撞产生的能量等于其损失的质量与光速的平方 $\left[9 \times 10^{16} \ (\text{m/s})^2 \right]$ 相乘。这个极大的数字就是驱动恒星的核聚变能量的量级。

如果我们想把更多的质子和中子组装成更大的原子核，就需要更高强度的条件。像太阳这样的小恒星是不行的。从银河系的尺度来看，太阳和大多数恒星一样，是一座普通、缓慢燃烧的熔炉。它已经稳定地燃烧了 45 亿多年，一直在缓慢地将氢燃料转化为氦。它在至少一颗系内行星——地球上孕育了生命，并为其提供了足够的温度，使其得以繁衍；它还将这样燃烧 50 亿年左右。

想要创造出组成岩质行星及鹅卵石的元素，还需要一颗体积是太阳的几倍或更大的大恒星。这些巨型熔炉燃烧的温度更高，燃烧的速度也更快。可以说，它们是在贪婪地耗尽燃料，甚至在短短的几百万年内就耗尽了那庞大的氢储备。当核焰开始变暗时，恒星的内部就再也无法抵挡压迫性的引力，开始坍缩。坍缩也会产生热量，这部分热量来自紧紧挤在一起向恒星内部坠落的原子间的摩擦。热量是原子运动速度的一个简单量度：温度达到大约 2 亿摄氏度，说明此时氦原子的运动速度足以熔化自己的原子核，这会重新点燃恒星的核反应熔炉。就这样，新的元素——碳诞生了，它的出现使生命（至少是我们目前所知的生命形式）有了存在的可能。

在这颗快速演化的恒星中，氦也很快耗尽，下一轮的坍缩和复燃开始了。温度达到 8 亿摄氏度时，碳的原子核也被点燃了，就此诞生了更多元素：氧、氖、钠、镁，而这些新元素又相继为熔炉提供燃料，并成为制造更多新元素的原料。现在，恒星核心的温度已经达到了 30 亿摄氏度！

"恒星炼金术"也有极限，铁元素就是分水岭。对于比铁原子（其原子核内共有 56 个质子和中子）轻的原子，恒星内部的高温可以融合原子核，不断形成更大的原子，这一过程会释放能量；而对于比铁原子大的原子，通过融合来制造更大的原子反而将吸收恒星的能量，使核反应变小、熄灭，直至毁灭恒星自身。在最后绽放的阶段，恒星又制造出了如今鹅卵石中所含有的更大的原子：铜、锌、砷、铅、镧，还有金、银和铂。一颗恒星就这样光荣地、震撼地死去，留下了丰富的各类元素。

关于恒星的死亡，历史上有这样的记载：7 300 年前，在银河系的一个遥远角落里，一颗恒星爆发出耀眼的光亮，堪称奇观。过了 6 300 年，也就是距今 1 000 年前，它的光芒与能量抵达了地球。在长达三周的时间里，无论白天黑夜，它都是天空中仅次于太阳的最亮物体。在阿拉伯、中国、日本、北美当地部落，甚至在爱尔兰的修道院里，人们都看到并记录下了这一壮观的景象。然后，这颗恒星逐渐黯淡下去，两年后，人们甚至无法在夜空中寻到它了。如今，再把望远镜对准这个区域，我们会看到一片巨大的蟹状星云，它是一颗超新星的残骸。

即使按照我们这个"狂暴"宇宙的标准衡量，这样的恒星死亡也极具能量。如果太阳变成一颗超新星（所幸并不可能，因为与其他恒星相比，它简直太弱小了），那么我们的天空中将充满太阳的光芒，它的亮度将突然提高 100 亿倍。这股能量之大，相当于银河系中所有其他恒星发出的光芒总和；还没等观察者的眼睛和大脑反应过来，地球上所有生命就已经蒸发殆尽了。再过几天，地球也会如沙尘般消散于宇宙之中。恒星的消亡如此壮观，可我们要收回思绪，只关注一点：这将是唯一适合锻造鹅卵石中剩余原子的铁砧。

当一颗巨型恒星耗尽了所有燃料开始坍缩时，超新星就会形成。恒星内爆时，其内部可以看作宇宙大爆炸的短暂重现，中子如暴风雪般被释放出来，撞击到紧密挤在一起的原子核上，并嵌入其中，增大原子的体积。在濒死恒星的核心，温度和压力的大小已经远超人类的理解范围，余下的元素都在这一刻被创造出来，一直到铅、铀乃至更重的元素。不过，并非所有这些新原子都能持续存在下去。由于它们是由混乱的亚原子粒子飓风制造出来的，因此相对于原生原子来说，它们含有的中子数目可能过多，也可能过少。这些不稳定的原子可能会在形成后的几分之一秒、几天、几年或几万年内分崩离析，这取决于它们确切的构造。

这些元素在恒星中的停留时间很短。灾难性的内爆会反弹向外，随后，星体的大部分都在超新星爆炸中被喷射出去。这些被创造出来的元素随着恒星碎片一起飞向外太空，开始了穿越绵延无际的星际空间的旅程。它们凝结成第一批矿物，成为星尘：正是它们组成了新的恒星和行星，组成了太阳与地球，组成了人类与鹅卵石。

如今，人类可以看到远方的星尘。银河系中有一些尘埃云（也叫星云），如果尘埃旋涡的密度足够大，它就会挡住星光，照片中常见的马头星云就是如此。星云笼罩着年轻的恒星，这些恒星离我们很近，我们能逐一检查它们，用望远镜和光谱仪分析穿过星云的光线。分析表明，尘埃中有我们熟悉的矿物：铁和镁的硅酸盐，如橄榄石和辉石等，呈沙粒大小；还有碳，从微小的碳粒到被称为"石墨晶须"的长发般的物质，再到小颗粒的钻石不等，它们的光谱信号各有不同。人类已经收集到了一些星尘：星尘号探测器使用了一种特殊的凝胶涂层收集器，它从被认为源自太阳系外的尘埃粒子流中捕捉到了一些微粒。通过细致的化学分析，我们在陨石中也发现了来自遥远恒星系统的星尘。这些氧化物和硅酸盐微粒都是外星物质留下的蛛丝马迹，因为其同位素的比例与太阳系内发现的任何物质都大相径庭。

一枚鹅卵石中的原子来自多少颗超新星？这些原子在穿越浩瀚的星际空间，到达后来成为我们太阳系的尘埃和气体云之前，又走了多远？许多组成鹅卵石的原子可能在越过某些恒星星系时，被成长中的恒星吞噬，又在这些恒星痛苦地消亡之时，连同其他新诞生的原子一起被甩了出去。

我们可以通过望远镜，尤其是非凡的哈勃望远镜，来了解这些历史。天文学家正窥视着越来越远的太空，凝望着越来越久远的时间。他们已经可以捕捉到在宇宙中行走了超过 120 亿年的古老光线，据推测，这些光线记录了宇宙大爆炸后不到 10 亿年，第一批恒星诞生的场景。

那是一个"巨星时代"。这些早期恒星非常巨大，也必然如此巨大，因为原始的氢气和氦气温度更高，压力也比现在大。只有云团足够大，它才有足够的引力来克服这种温度下产生的压力，因此也就形成了比太阳大几百倍的巨型恒星。巨型恒星生得快，死得早，它们的死亡推动了宇宙中"化学元素工厂"的启动。已知最遥远的类星体的光线照亮了含有碳、氧、铁的尘埃，这些尘埃在宇宙大爆炸后不到 10 亿年就已经形成了星云。

所以说，鹅卵石原子的演化轨迹是漫长而神秘的，我们很难知道它们来时路的细节，不过有一个例外。我们知道，就在太阳系诞生之前，一颗"暴力恒星"刚刚出现，而且它有可能是助力太阳系形成的必要因素。在形成我们银河系独特一角的气体和尘埃云（指太阳系）附近的某个地方，一颗超新星爆炸了，为这团云层增添了新的物质，其中包括寿命极短、放射性极强的元素，比如比普通铝原子少一个中子的铝同位素。这些不稳定元素在产生后的短短几百万年内就衰变了。它们在太阳系最早的矿物物质，即陨石的残骸之上留下了明显的印记，鹅卵石中也包含了这种早期衰变后留下的碎片。

附近这颗超新星的爆发，为原始太阳星云播下了高放射性元素的种子，除此以外，它可能还发挥了更大的作用。这颗超新星产生的冲击波也许还推动了尘埃和气体云的最终聚集和坍缩，它们在其自身质量的引力作用下，形成了我们的太阳系。因此，地球和为它提供温暖的太阳可能就诞生于"宇宙暴力事件"之中。

这团坍缩的气体和尘埃云的核心将被热核反应点燃，从而形成太阳；周围的气体和尘埃则形成了原行星盘，它是未来物质（包括鹅卵石）的发源地，孕育了我们如今已知的太阳系行星，以及许多小行星和彗星，它们越过太阳系最外层的行星，一直延伸到奥尔特云广袤的冰冷地带。太阳系的覆盖范围一直到距离太阳1光年的黑暗地带，这个长度是我们与最近的恒星——比邻星的距离的1/4。

在太阳这个新恒星系统诞生的过程中，各种元素发生了分离，硅、铝、铁、镁和氧等宇宙中的稀有元素（它们只占宇宙物质的千分之一）从常见的氢和氦中分离出来。含有鹅卵石原子的尘埃粒子围绕太阳旋转，这一区域日后将会出现岩质行星。

这一区域充满能量和暴力，也充满奥秘。尘埃粒子逐渐汇聚成熔岩滴，为形成行星做准备。我们如果打碎一块陨石，并用放大镜去观察它，就能看到相关的证据。现在的这些陨石是当时原始岩石的碎片，它们可能没有被卷入行星的构造过程，或者可能是在构造开始后又被撕碎。在放大镜下，你会发现陨石是由成千上万个小球体粘在一起组成的，有点儿像是鱼子酱的化石。它们本来是微小的凝固熔岩滴，曾被加热至1 500摄氏度，不仅其中的水被蒸发，钾、镁和铁等元素也消散了。这些熔岩滴逐渐集聚成了浓密的炽热岩浆云，直径达数百至数千千米。

是什么如此剧烈地加热了这些熔岩滴？不是太阳，因为这颗恒星尚未点燃，它的热量还太微弱、太遥远；也不是穿过尘埃云的闪电，因为熔岩滴熔化得太彻底、太普遍了，绝非偶然现象。也许超新星爆发带来的高放射性元素的衰变可以产生一定热量，但仅靠它是不够的。那么主要的热源是什么呢？有人认为，可能是太阳和它周围碎片形成的盘状结构中的大量物质之间的引力拉锯所驱动的、席卷整个太阳星云的巨大冲击波。所以如果地球上的宇航员想去宇宙深处亲历恒星系统的诞生，他们最好当心，那里将会险象环生。

险象环生，但也富饶无比。汹涌炽热的陨石球粒云密度大到拥有了自己的引力场，这使它们得以坍缩聚合成小行星和更大的微行星（星子），直径达几十千米，这可能是未来行星的雏形。这些碎片占据着绕太阳运行的同一轨道面，相互碰撞，或粉碎成末，或相互吞噬并变大。

行星构造的过程非常仓促。在这个由尘埃、岩石碎片和熔岩滴组成的剧烈旋转的原行星盘中，组成鹅卵石的原子只短暂停留了一段时间。就在短短的几百万年间，它们中的绝大多数就已经聚集到了太阳系新形成的距离太阳第三近（或许当时是第四近）的行星之上。

约45亿年前，鹅卵石中元素的大部分（但不是全部）从遥远的起源地聚集在一起，分散在一个直径约1万千米的岩石球（比现在的地球小百分之几）中。它们在球体中的分布也不是随机的。部分原子，尤其是未来鹅卵石中的铁原子和镍原子，又经历了一次分离过程。在重力的作用下，这两种金属绝大部分都以熔滴的形式越流越深，向下流淌了数千千米，最终形成了地球的金属镍–铁内核。这一过程被称为"铁灾变"，过程中释放的热量使地表成了岩浆的海洋。不过，这并没有带来伤亡，因为此时地球上还没有出现生命。

这块鹅卵石中的镍原子和铁原子（以及部分硫原子），当然还有更稀有的铱原子和金原子，都是那次大分离中的幸存者。这些原子的大部分都被拖入了地核，那是任何矿工都无法触及的地球最深处。

在年轻地球的巨大外壳上，组成鹅卵石的原子会在哪里呢？它们可能分散在无数的矿物颗粒中，在我们称之为地幔的、近3 000千米厚的岩石和岩浆混合物中的某个地方。此时，地幔物质已经开始在整个地球的浅层和深层循环，而这些原子就分散于地幔流中。它们比以往任何时候都更接近彼此，但在大量地幔物质中仍然稀释得无法辨别。

还有一些鹅卵石原子身处地球之外。让我们把时间定位到地球从太空碎石和行星碎片中吸积成形后的 500 万年到 2 000 万年之间。此时，突然发生了一件事，足以从根本上重塑这些鹅卵石原子，也足以确定地球未来的演化方向。不过就暴力程度和能量而言，这件事与铸造了大量鹅卵石原子的恒星爆炸相比显得微不足道，更不用说宇宙大爆炸那难以想象的壮观场景了。

但是，这件事在任何科幻大片中都会占据中心位置。鹅卵石原子的最后一批主力正以每小时数千千米的速度向地球靠近。它们来自另一个星球，一个注定要毁灭的星球，因为它正要与地球相撞。忒伊亚星就要来了。

第 2 章

自地球深处讲起

与地球一样，忒伊亚星起初也是由吸积盘中的大量尘埃和熔岩滴形成的。根据计算，忒伊亚星的体积与火星大致相当，但寿命远不如火星。由于它的轨道与地球的轨道足够接近，碰撞必然会发生，只是迟早的事。

　　就这样，忒伊亚星以4万千米每时的速度与地球相撞了。在混乱的几分钟内，忒伊亚星被撞得四分五裂，而地球直接被撞碎了，好比一颗柚子被重锤砸得汁水四溅一般。在剧烈的燃烧中，两颗行星的物质瞬时转化为沸腾的岩浆与蒸气，又重新融合在一起。之后，忒伊亚星的内核与地球的内核凝聚在一起，而二者的一些外层物质则飞溅出来，形成一团等离子体云，环绕着新地球。这团等离子体云又逐渐凝结成新地球的卫星——月球。

　　这个故事讲述了月球是如何通过一次壮观的行星撞击形成的，它是一个好故事，也很可能是真实的。不过目前来说，它只是一个猜想，一个最能解释地球及其卫星特征的猜想。因为从科学的角度来说，它最符合当前的证据：根据对地球和月球两个天体的质量、动量、轨道的计算，地球很难完整捕获月球这般大的流浪行星；而在重力与离心力这对方向相反的力的作用下，飞溅出的大量物质与地球保持平衡，最终形成月球，这个说法似乎更可信一些。

此外，地月物质的同位素组成惊人地相似，而撞击说中的物质剧烈混合过程可以很好地解释这一点。与此相对的是，火星上氧同位素的比例就与地球截然不同，因为火星是在太阳系的另一处形成的，那里的原始吸积盘中元素的组合方式不同。所以，通过质谱仪测量同位素比例，人们可以很容易地将已在地表发现的少数火星陨石与其他所有陨石区分开来，就像从一袋苹果中挑出一个橘子那样轻松。撞击说还可以解释月球表面没有水的问题：在月球从过热的等离子体凝聚成形前，挥发性的物质（如水）早已流失殆尽了。

假设这场撞击真的发生了，那么在撞击后的若干年里，地球和它的新卫星月球都是熔融、红热的状态。那时的月球比今天更靠近地球，如果那时地球上有观察者，他们看到的月球可能会是我们如今看到的月球的两倍大或更大。地球的历史在那之后就重新开始了。

即使撞击真的存在，地球上也绝无可能存留如陨石坑一般能记录此次事件的实物，因为这场撞击太剧烈了，地球的外层在那时是数千千米深的岩浆之海。岩浆慢慢凝固后，地球获得了一个全新的表面。①

　　此时，月球的物质已经和地球的物质永久分离了。在后者的原子中，有极小的一部分在约 30 亿年后形成了我们如今看到的鹅卵石。无论这些原子在撞击之前是什么样子，它们的排布都会因为剧烈撞击以及与无数忒伊亚星原子的混合（我们的鹅卵石中无疑有来自忒伊亚星的原子）而发生极大的改变。自此，地球与忒伊亚星的原子已经融为一体，不可分割了。

地球深处的故事

　　地表的岩浆海洋需要上千万年才能冷却。地表首先凝固，产生了一块块坚固的外壳，这就是最初的大陆，它们漂浮在岩浆上，随岩浆流动而流动。下层的岩浆也开始冷却凝固，形成了（大部分）固态的地幔岩石，而整个地幔仍在缓慢地流动。

　　岩浆的流动形成了如今的海陆分布，而直至今日，地幔依然通过板块构造驱动着大陆移动——这是太阳系中独一无二的陆地运动模式。软流层中上涌的地幔物质扩散开来，形成了地表的洋壳；之后，它们慢慢沉降，回落到更深处，下沉的物质反过来

---

① 不过，火星上留下了几乎同样巨大的撞击痕迹，因为火星被分为岩石密布的"高地"南半球和光滑平坦的"低地"北半球，有人将其解释为早期太阳系发生过一次类似的巨大撞击（不过该解释也存在争议）。这次撞击可能并没有大到足以熔化和重塑火星，而是（根据一些人的说法）留下了一个撞击坑，覆盖了半个火星，影响了火星至今的主要地理格局。

又驱动地幔对流。随着地表冷却，降雨开始了。雨水一部分来自地球内部的火山排气，另一部分则来自诸多富含冰的彗星造访，它们汇集成地球上最早的海洋。

构成未来我们能捡到的鹅卵石的原子，此刻就藏在这些地下岩流的某处。当时的岩流速度比现在更快（也许是现在的两倍），温度也更高。古老地球深处的温度更高，一方面是因为它的天然放射性更高，另一方面是因为忒伊亚星撞击产生的余热未消。我们可以从一些火山岩中找到这方面的证据：有一种熔岩叫科马提岩，它比如今的熔岩密度更大，铁和镁的含量也更丰富，这表明它形成时的温度更高。根据现存的最古老的地壳岩石残片可以判断，当时板块构造的基本运动模式与我们今天看到的模式大致相似。

鹅卵石原子当时大多在地下数百或数千千米深处，介于地壳表面和地核表面之间。它们在地幔岩石的矿物质中循环流动，等待大约30亿年后被释放出来。地幔大部分是固态的岩石，但它若是承受了足够大的持续压力，就会像今天的冰川中同样坚硬的冰晶一样缓慢流动。冰川受到的压力是重力，运动方向是向下的；地幔岩石受到的压力则首先来自放射性产生的热量，越深的地方热量越多，这些热量会让岩石的密度降低，使其向地表上升，尤其是在地幔与温度更高的地核接触的地方。而当缓慢喷涌的岩石上升到足够高的位置，冷却并变得更加致密时，重力就会起作用，岩石物质在自身重量的作用下开始向地核回落。这样一个上升和下降的循环需要数亿年的时间。早在恐龙统治地球时，现在靠近地壳的部分地幔就已经开始了其上升之旅。

在坚固的地球内部有一些捷径，好比岩石的"高速公路"，它们被称为地幔柱，是温度更高、速度更快的上涌岩石喷流，高达几百千米，直径有一两百千米。其中一处地幔柱约在 6 000 万年前首次到达地幔表面，目前仍在抬升冰岛下方的地壳（当然也包括冰岛本身），使其比原来高出约 3 千米。另一处地幔柱位于夏威夷冒纳罗亚火山下方，它提供的额外热量产生了熔岩，这些熔岩涌向地表，使冒纳罗亚火山在短短的几百万年里成为地球上最大的火山（以火山口顶到海底的山基的大小计，也是最大的山峰）。

自固态地球最初形成以来，未来形成鹅卵石的原子就已经在矿物中紧密结合在一起了：特定的矿物反映出原子排列的规律，这不仅符合各种元素的化学亲和性（例如，硅酸盐矿物中带正电荷的硅和铝与带负电荷的氧结合在一起），也适应地表以下数千千米深处的条件，包括高温（目前温度在 1 000~4 000 摄氏度，从前温度更高）、高压（相当于数千个大气压）等，这些都导致地幔矿物的原子紧密堆积。

如今，我们可以在实验室里短暂地模拟地下深处的条件，制造出极少量的类地幔矿物。为了做到这一点，地质学家将一撮地表矿物放在微小（但非常有力）的金刚石压砧上，将它加热到适当的温度，再用压砧用力挤压。我们可以用 X 射线照射它们，观察出现的图案，来见证在这样的温度与压强下矿物颗粒发生了什么改变。图案反映的不是这些颗粒的外部形状，而是内部的原子排列。为了使实验更加真实，这些颗粒必须与地幔的化学成分类似——富含铁和镁，而硅和铝含量较少。

当原子的框架被压缩得更紧密时，新的矿物就会出现，往往伴随着明显的"砰"的响声。在深约1 000千米的位置甚至更深处出现的矿物都有着陌生的名字，比如钙钛矿（更深处还有后钙钛矿）、林伍德石和铁方镁石等。偶尔也有我们熟悉的矿物，比如碳在高压状态下会形成笼状的框架结构，也就是备受追捧的钻石。

就这样，鹅卵石原子被束缚在这些高压框架结构中长达30亿年，仅以每年几厘米的速度缓慢移动。我们并不清楚地幔流的具体形式。毕竟，目前的科技水平无法让我们直接进入地幔，观察它可能的运动方式。我们的知识来源于从压砧实验中收集到的信息，来源于跟踪地震波在地球上的传播过程，来源于观察火山零星喷出的地幔岩块。地震波数据清楚地表明，如今的地幔主要由两个部分——下地幔和上地幔组成，它们密度不同。它们之间的边界可能代表着一种"相变"，将适应不同压力和温度环境的矿物分离。然而，还有一些问题存在争议，比方说，如今的岩流是否可以随意穿越这一边界？还是说有两个独立的岩流系统，只是两者之间存在互通之处？

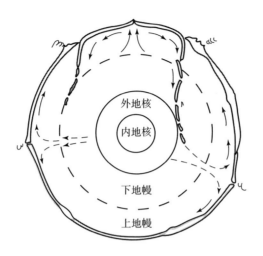

图1 地球结构及其内部运动的岩流

如果在前寒武纪时期，地幔是这样运作的，那么这些鹅卵石原子在每隔几亿年的上升或者下降过程中，早就该重新调整自己，变成不同的矿物结构了；它们或许还会和相邻的矿物产生一系列连锁反应，从而产生足以撼动地球表面的强烈地震波。

在地幔的深度，温度约为几千摄氏度。这个温度如果放在地表，已经足以熔化所有这些矿物了；但在地幔中矿物大多保持固态，这是因为在这样的深度条件下，压力也是巨大的。在不断深入地球内部的过程中，压力将持续增加，这些矿物在整个地幔中基本保持固态，只有少数一些例外，我们稍后会讨论。直至地幔底部，也就是地幔与地核的边界处（温度约4 000摄氏度），巨大的变化发生了：这里突然变成了致密的液态（我们在地表也可以探测到这一点，因为它能阻挡某些类型的地震波），矿物成分是熔融状态的铁与镍；温度也在急剧上升。地幔中的硅酸盐岩就像一个巨大的保温瓶内胆，包围着这滚烫的金属地核。

地幔某些部分的温度之高也足以打破压力赋予矿物的稳定状态。原子快速振动，进而打破原子间的化学键，让固态矿物熔化了。也不是所有的矿物都会熔化，那些化学键较容易被打破，或者说熔点较低的矿物才会如此。地表之下，岩浆池形成了，它的密度往往会低于周围没有熔化的岩石，硅含量较高而铁、镁含量较低。所以，当这些岩浆能找到一条上升通路时，它们就会溢流到地表。

上升

在大约 15 亿至 10 亿年前，大部分未来的鹅卵石原子正在聚集，为上升到地表做准备。地幔流缓慢地带着它们移动到了整个地幔里较小的一处。这部分很可能是楔形的，约长几百千米，厚几十千米。鹅卵石原子虽仍是分散的，但相较原先的状态已经紧凑了很多。未来的鹅卵石原子虽还不齐全，但已有大部分聚集在了这里，比如硅、氧（大部分与硅结合成为硅酸盐）、铝，可能还有铁与镁。

除这些原子外，鹅卵石中剩余的原子将经历截然不同的旅程，也将在截然不同的时间向地表出发。其中，钠、钾、碳、氯等注定要穿越海洋，部分碳原子也注定要穿越大气。还有极少数原子仍在从太空来地球的路上。不过，为了对鹅卵石原子做些基础了解，我们还是先把注意力集中在它们的大部队上吧，这支部队正在地幔中集结，等待有朝一日来到地表。

通过一台特殊的原子钟，地质学家可以测量出这支原子大部队来到地表的大概时期（以十亿年为单位）。这台原子钟监测了两种鲜为人知的元素——钕和钐的特殊变化。它们同属于一系列性质相似的元素，被统称为"稀土元素"。稀土元素往往关系密切、相伴共生，但也有例外，比如，在地幔中产生熔体的极端环境下，含二氧化硅更多的熔体会带走更多的钕和更少的钐。

在这样的前提下，我们还要关注钕和钐的另一项数值，它为钐-钕测年法提供了运作机制。钕有几种同位素，每种同位素中数量不等的中子与恒定的 60 个质子结合。其中，钕-143 共有 143 个质子与中子，它是由钐的一种同位素钐-147（共有 147 个质子与中子）衰变产生的。这一衰变的过程极其缓慢，不受温度、压力或化学环境等外部世界的影响，只与原子核有关。钐-147 的半衰期为 1 060 亿年，这意味着在经过这么长的一段时间后，任何原始数量的钐-147 都将有一半通过损失一个 α 粒子（具有 2 个中子及 2 个质子的氦核）而衰变为钕-143。

结合刚刚所说的，由于地幔中新形成的熔体（以及它将形成的地壳）的钐含量会相对少，那么相应地，钕-143 这种钐-147 衰变的产物也会减少，它占新岩石中钕元素总量的比例也会降低。因此，通过对某一地壳岩石样本中各种钐、钕同位素含量的细致分析，可以推断出钕-143在此样本中生成速度减缓的时刻，也就是这批新熔体与地幔分离、来到地表的时刻。

这台原子钟非常微妙，但总的来说非常可靠，被广泛用于计算某一种类的岩石从地幔中分离的时间。值得一提的是，"母元素"钐在岩石进一步熔化、变质或侵蚀的过程中，依然能与"子元素"钕紧密相连，不易散失。因此相比于其他原子钟，钐-钕测年法在漫长的地质历史中受到的影响更小。如果运用得当，这种"钕模式年龄"就可以用于分析我们的鹅卵石。这个例子非常典型，它说明地质学家在解决重大地质难题（如某块大陆的年龄到底有多大）时，需要充分发挥聪明才智，甚至极尽巧思、剑走偏锋，方能有所突破。

所以说，我们的鹅卵石所在的岩浆聚集在地幔的某处，位于赤道以南很远的地方（这是根据它后来沿着地球表面移动的过程推断的），也许就在今天火地岛的纬度上。不过它的经度目前就很难确定了。和如今的地表相比，我们对10亿多年前的前寒武纪时岩浆上升到的地表是很陌生的，不过至少比对地球原始吸积后刚形成时的样子要熟悉很多。在鹅卵石中的元素寄居于地下的35亿年间，发生了太多事情。

10亿年前，地表已经形成了大陆和海洋。不过，那时地球上所有的大陆都汇集成了一块超级大陆，我们称之为罗迪尼亚大陆；周围环绕着巨大的海洋，有时被称为米洛维亚大洋。罗迪尼亚大陆的大部分就是我们现在所知的非洲、加拿大、格陵兰岛、西伯利亚和澳大利亚这些古老的大陆板块。不过此时我们很难辨认它们，因为尽管这些大陆板块的核心早已形成，但部分地貌如落基山脉、乌拉尔山脉等，就像我们的鹅卵石一样，要在遥远的未来才会显现出来。形成它们所需的物质仍然在地表以下的深处。我们现在所知的加拿大地盾当时已经基本形成，不过被埋藏在了高耸的山脉之下，等这些山脉经历10亿年甚至更长时间的侵蚀作用后只剩下基座时，地盾才终见天日，成了我们如今见到的样子。

大气中，氧气开始积聚。如果我们作为游客，乘坐时光机回到那个时代，我们很可能会发现空气中氧气的含量不足，也许与如今珠穆朗玛峰顶部差不多稀薄。二氧化碳含量倒是会高出几倍，甚至很多倍。与过量吸入一氧化碳不同，我们短期内可能不会中毒，但会感到非常不舒服，就好像是在一个极为闷热的房间里待久了，或者是在酿酒厂里工作了一整天一样。人很容易喘不过气，血液中也会有更多的酸性物质。

此时，生命已经至少发展了20亿年，不过都是微生物。多细胞生物要到几亿年后才会出现，也许是氧气含量太低的缘故。没有鱼类，没有甲壳类动物，没有蠕虫，没有树木或花草。不过，名为微生物不意味着这些生命形式很简单。前寒武纪的微生物会聚集成微生物垫，这种结构无论在当时还是现在都非常复杂（你家庭院里水坑底部的那层绿色浮藻和你牙齿上的细菌薄膜都是复杂的多物种微生物垫）。有些微生物的体形也可能很大：名叫格罗米德（gromiid）的微生物有醋栗大小，会在海床上滚动，留下一条独特的轨迹，看起来有点儿像微型自行车的车辙（尽管这辆自行车的轮胎花纹都磨损了）。在澳大利亚和印度数十亿年前的地层中也发现了类似的"车辙"，但在发现上述海床上的"车辙"前，它们曾被认为来自早期的蠕虫类生物。

新大陆

这就是来自地幔的岩石之上的世界，我们这枚鹅卵石的大部分成分都源于此，但有些成分还未出现。鹅卵石只是岩石中微不足道的一小部分。岩石聚集成一个新的、较小的大陆板块，这次对地壳的补充虽然微小，但我们可以证明它很重要。在这块大陆上，亚瑟王后来统治了世界，莎士比亚写下了十四行诗，一场革命让工厂的烟囱和炼铁厂遍布全球。这块地壳碎片在早期一直延伸到纽芬兰，但没有延伸到苏格兰。它被称为阿瓦隆尼亚大陆。

那么，究竟是什么神奇的成分诱使将会形成鹅卵石的物质以及它周围数万亿吨的地幔物质上升到地表，并形成了新大陆阿瓦隆尼亚的核心呢？

与其说大陆是一大块露出水面的陆地，不如说它是一块大陆地壳，无论大小，都因为密度较小而可以漂浮在密度较大的洋壳上。大陆并非坚不可摧，会被风和天气慢慢雕刻出痕迹。不过，它的寿命要比短暂的洋壳长得多，洋壳勉强存在1亿多年（最多也就2亿年），就被海沟中的地幔吞噬了。

大陆会在哪里形成？当一个构造板块俯冲到另一个构造板块的下方时，这就是一个很好的开始。海沟就是"俯冲带"在地表的一种体现，在这里，古老的大洋板块被挤压回地幔，最终重新变成固态的地球物质。由于古老的大洋板块比较冷，人们一般认为它不太可能熔化邻近的地幔；但它也是潮湿的，在岩石裂缝和沉积颗粒之间的空隙中携带着一些海水，并与洋壳表面的水合矿物发生化学结合。在50~100千米深处，这些海水又被释放到了位于俯冲板块上方的地幔中，正是在这个时候，它催化了新大陆的形成。

从俯冲板块中释放出来的水溶解到地幔物质中，降低了地幔物质的熔点。这进一步催化了数万亿吨的鹅卵石原子从地幔的固体矿物中分离出来，进入地下岩浆池。新的岩浆富含二氧化硅和水，流动性强，密度比未熔化的地幔岩石小（后者由于去除了一些较轻的成分，已变得更加致密）。这些原子不断寻找向地表上升的通道，并最终找到了。

10亿年前，在超级大陆罗迪尼亚海岸线外的某处海洋中，一连串新的岛屿正在形成。这些岛屿就是阿瓦隆尼亚的雏形，它们的样子很可能就像今天太平洋上的马里亚纳群岛（最南端是关岛），或者像加勒比海上的小安的列斯群岛。与这条链状岛屿带平行，100多千米外是一条深海海沟（当然，在海面上是看不到的）。这里是洋壳下降的地方。

链状岛屿带上的火山显然不是人们在夏威夷等地的电影镜头中看到的那种壮观、上镜但相对无害的熔岩流。相反，这些熔岩是非常暴力的：黏稠、富含二氧化硅的岩浆通常不是流出来的，而是被巨大的爆炸撕裂成细小的火山灰。然后，火山灰被释放出的巨大热量带入数十千米外的天空，形成喷发柱，或者在地面上形成可怕的火山碎屑密度流，那是炽热火山灰的密集飓风，足以瞬间让整个岛屿带寸草不生。上方不透明的火山灰云使大部分地区陷入一片漆黑。这些不断扩大的岛屿不时遭受强烈的地震与海啸，这些致命的不可抗力与岛弧（一个生产新大陆地壳的"工厂"）有关。

洋壳也可以俯冲到大陆下方。形成大陆（或者说，在这种情况下，扩充大陆）的火山岩浆只需冲破现有的大陆地壳即可。例如，安第斯山脉的火山——科托帕希火山、钦博拉索山等，就这样在南美洲大陆的西部边缘形成（并增加了大陆的质量）。然而，在这种情况下，新上升的岩浆会与它们突破的古老得多的大陆地壳混合，并受到其"污染"。阿瓦隆尼亚的情况似乎并非如此：上一节中提到的钕模式年龄显示，这里的地壳活动足够规则，也就是说，最初的阿瓦隆尼亚是纯净、未受"污染"的地壳。这样说来，构成阿瓦隆尼亚的岛屿带是在洋壳上孤立形成的，而构成我们鹅卵石的物质正是由此来到地表。

未来鹅卵石中的大部分原子都曾存在于那个有 10 亿年历史

的链状岛屿带中的某个地方。它们中的一些会以火山灰颗粒，或者富含二氧化硅的短粗熔岩流中的晶体形式喷发出来。有些没有到达地表，而是被困在地表下几千米处，在岩浆只上升了一部分的腔室中，然后在原地冷却凝固。我们的鹅卵石最终将由这些微粒构成，它们仍广泛分散，很可能分布在链状岛屿带中的几个岛屿上。现在，它们正慢慢地相互靠近，但在聚集成这本书这么大的体积之前，它们还有漫长而曲折的道路要走。

原始大陆核的火山岩由各种晶体和一些天然火山玻璃组成，后者是岩浆在晶体有机会生长之前就被冷空气或水淬灭而形成的。然而，这些岩石或它们的晶体成分很少能以原始形态保存下来，让地质学家在 10 亿年后还能认出它们是原始阿瓦隆尼亚大陆的一部分。这是因为，在鹅卵石原子踏上决定性的旅程（也可能是最后的旅程）之前，这些岩石还需要经历许多彻底的改造。阿瓦隆尼亚的苦旅才刚刚开始。

第 3 章

时间深处的陆地

失落大陆

　　这里曾是阿瓦隆尼亚，也可以是香格里拉，或是柯南·道尔笔下的"失落的世界"。孕育我们如今这枚鹅卵石中原子的大陆如今已经消失在了遥远的时光里。想要回到那里，回到地球的时间深处，我们需要开启一段史诗般的旅行。这段旅行不是需要探险家乘坐直升机又换乘独木舟，戴着黑漆漆的头盔，挥舞着砍刀才能完成的那种实质性的旅行，而是一段想象之旅，建立在这片失落大陆留下的物质与痕迹基础上的想象之旅。

　　触摸这枚鹅卵石，你就触摸到了代表着阿瓦隆尼亚毁灭的矿物颗粒，经历 5 亿年的风雨洗礼与洪水摧残，它们才变成了现在的样子。我们要通过这些矿物颗粒，追溯阿瓦隆尼亚的景观，或说是一系列景观。它并非亘古不变，正因如此，我们才更希望尽可能精确地还原它在远古时代的一些细节。这片失落大陆不停地变化、变异、更新。我们如今看到的构成一部分鹅卵石的微小矿物碎片，与其说是鹅卵石的碎片，不如说是大陆千变万化的景观所留下的碎片。比方说，我们可以从特洛伊 7 座历代城市中各自提取微小的遗存（也可以对现在矗立在被掩埋的遗迹上的现代建筑进行取样）。然后，将这些碎片研磨成细粉。然后，我们给考古学家一把这样的粉末，说："现在，让这些城市复活吧！"

景观易逝。这个概念可能理解起来有点儿难度，毕竟在我们短暂的一生中，我们所见的地球上的大陆是巨大而永恒的，是所有逝去文明的基石。然而，哪怕是在我们的有生之年，我们也能看到有大量的岩石碎屑堆积在山崖下；走到山崖附近，我们或许还能听到碎石因风或水的作用而从岩壁上剥落的声音。我们也能看到河底的沙子被水流推动，偶尔还会听说村庄被洪水冲垮，而残垣断壁上尽是从数千米外的山涧上游带下来的泥土和巨石。再或者，有些人还会看到火山喷发，目睹火山灰或者熔岩将土地掩埋的场景。

想想看，若是这些变化在极其久远的地质年代中倍增，大陆的面貌将发生怎样巨大的改变？查尔斯·达尔文的导师兼同事查尔斯·莱伊尔（Charles Lyell，亦译查尔斯·赖尔）意识到了这一点，他创造出了"均变论"（uniformitarianism）这一颇为冗长的术语，来表达他对地质变化的观点，即哪怕是缓慢、微小的变化，经过日积月累，星移斗转，也可以彻底改变一个星球的面貌。为此，莱伊尔主张采用更漫长的地质纪年，而非《圣经》里短短的几千年，来说明地球的地质变化。在这方面，莱伊尔显然要感谢 18 世纪的天才詹姆斯·赫顿（James Hutton），赫顿看到苏格兰山脉的古老岩层躺在一条更古老的山脉被侵蚀的根部之上时，突然意识到岩层的简单叠加背后是多么久远的时间尺度（"看不到开始的迹象，也看不到结束的预兆"）。

这些维多利亚时代的学者都很有个性，你可能无法从那个时代的肖像画中他们严厉的表情里领悟到他们的精神。例如，莱伊尔在得知达尔文关于珊瑚环礁如何形成的理论时，"高兴得手舞足蹈，做出最疯狂的姿势，他高兴得过了头时就会这么做"。听起来，在山上采集了一天化石之后，和这样的人一起喝杯啤酒是件很有趣的事。

如果莱伊尔知道我们的鹅卵石中，有多少过去失落的世界的残骸被保存了下来，他肯定会高兴得彻夜跳舞。不过，如果他知道他所珍视的"均变论"概念，尽管曾辉煌一时、影响深远，但最终也会显示出它的局限性，那么他可能会有些忧伤，转而将节奏放慢，跳起庄重而深沉的加沃特舞。地球上失落的世界往往与我们现在的世界大相径庭，因此现在并不总是了解过去的可靠钥匙。从一枚小小的鹅卵石中，一窥过去世界的奥妙吧。

石英的传说

在我们的鹅卵石中，在那些消失的阿瓦隆尼亚大陆的碎片中，我们看到了什么？

首先，我们可以将鹅卵石对着光，用放大镜观察它。最好先用河水或海水把鹅卵石弄湿，这样更容易看到鹅卵石的矿物结构。我们可以重点观察石头上那些颜色较浅、质地略粗糙的条纹，这样或许可以看到一些挤在一起的、每条只有几分之一毫米宽的圆形轮廓。它们就是阿瓦隆尼亚大陆被冲刷下来的泥浆和沙粒。一枚鹅卵石上有成千上万条这样的痕迹。

如果想更细致地观察鹅卵石，我们就需要进入矿物的"小人国"了。你可以先用标准的光学显微镜观察鹅卵石的表面。这有一些帮助，但没有你想象的那么大。无数微小的半透明晶粒挤在一起，反射着鹅卵石外部的光线，这样一来，整体效果就很朦胧，就像你看不清森林中的每一棵树。一个半世纪前，谢菲尔德的科学家亨利·克利夫顿·索比（Henry Clifton Sorby）发明了一种更好的方法。他把石头切成两半，把其中一半切面朝下贴在玻璃载玻片上，再小心地把它磨平，直到几乎磨光为止。当岩石被磨到只有 1/1 000 英寸①厚时，它变得半透明，显微镜下的晶粒轮廓也就清晰可见了。在当时，这是一项激进的创新，有人还嘲笑索比"竟然想用显微镜研究高山"。不过，索比还是笑到了最后，岩石薄片研究法至今仍是一项极为重要的技术。

鹅卵石薄片可以非常清楚地显示这些微粒的大小和形状。

_____

① 1 英寸 = 2.54 厘米。——编者注

通过光线穿过薄片时与薄片中的原子排列的相互作用，我们还可以知道鹅卵石的矿物构成。地质学家使用的不是生物实验室里那种普通的光学显微镜，而是带有特殊的滤光片、可以使光线偏振（只向一个方向振动）的显微镜。偏振光穿过薄薄的矿物切片后，会呈现出各种颜色和色调的美妙组合。对资深的地质学家来说，不同的组合代表着石头中含有相对应的不同类型的矿物。

在一块偏振滤光片下，大多数矿物颗粒都会呈现出玻璃般的透明状态，但当光线通过两片偏振滤光片（分别位于矿物切片上方和下方）时，不同的矿物颗粒就会呈现出深浅不同的灰色。在其中起作用的就是石英，或叫二氧化硅，通常是大多数天然沙子的主要成分。也许你现在就佩戴着一块精心雕琢过的石英晶体，当你对它施加微弱的电流时，它就会产生振动，每秒振动32 000次。通过微电子电路，这些振动会被转化为准确的时间。是的，这块石英晶体就在你的腕表里。

石英随处可见。你可以在岩浆结晶的岩石（火成岩）中找到它，也可以在地下深处受热受压而完全重组的岩石（变质岩）以及沉积岩中找到它。它从地下深处的岩洞和矿脉中的热水中结晶出来时，会形成可爱的晶体，呈一簇簇六边形的棱柱状，末端尖细优雅，这就是水晶。这些水晶可能是透明的，如果含有少量不同的杂质，就会变成紫色（紫水晶）、玫瑰色、烟熏棕色，或是难倒矿物学新手的各种缤纷颜色。不过，如果把它们切成薄片，这些颜色一般就微不可见了。

不过，除了矿物学家橱柜中那些闪闪发光的水晶，大多数石英，比如从冷却形成花岗岩的富含二氧化硅的岩浆中结晶出来的石英，其颗粒都很不规则。石英其实是一种相当不起眼的矿物。花岗岩中相邻的云母和长石晶体在冷却的岩浆中生成较早，能很好地展现出晶体形状。较晚出现的石英则会贴着这些较早出现的晶体生长，并按照前者的形状塑造自己。当然，石英的内部仍然是晶体，有自己精确的硅-氧原子结构。

石英可能出现得较晚，但在此之后，石英的寿命却远远超过了相邻的矿物。这是因为诞生于更高温度下的其他矿物不太能忍受地表的寒冷和潮湿。到达地表后，这些矿物的微观结构会承受压力，水的参与会加速矿物微观结构的断裂，使其解体。整个解体过程非常复杂，成效显著，令人着迷。不过，这些过程对石英的影响并不大。当岩石的其他部分在石英周围碎裂时，这种耐用的矿物就会以颗粒的形式被释放到土壤、碎石坡或河床中，开始它们漫长的旅程，最终成为一枚枚鹅卵石的组成部分。

石英是一种相对简单的矿物，但每个石英颗粒都有自己的特性，可以带领探究者看到阿瓦隆尼亚大陆的不同侧面。比如，用偏振光观察矿物切片时，不同的石英可能会显示出深浅不一的灰色波浪纹路。这一粒石英原本是一块石英晶体，被卷入不断增长的山脉中，其微观结构因山脉中的巨大压力而扭曲；那一粒石英具有独特的马赛克图案，因为它所在的位置更加靠近山脉的根部，这里的剪切力是如此强烈，以至于晶体断裂成了由一个个较小晶畴组成的马赛克拼贴图案。除此之外，一些石英颗粒含有其他矿物的更细小晶体：比如金红石（二氧化钛）的晶体呈头发丝般的细丝状，有时候细到需要用最高倍数的光学显微镜才能看到；还有一些石英颗粒是由一簇簇更小的颗粒组成的，即它们实际上是更古老的沉积岩的微小碎片，来自某个更遥远年代的火成岩或变质岩，而如今又进入了新一轮循环。

这就像是一间屋子里挤满了探险家，每位探险家都有不同的故事要讲。有些人在热带丛林中探险，有些人在极地荒原中探险，还有些人驾驶着潜水器潜入海底。这些不起眼的石英颗粒也是如此，它们诞生于阿瓦隆尼亚的许多不同地方，经过长途跋涉，聚集在了这枚鹅卵石中。当然，其中还有其他的探险家有更奇特的故事要讲。

稀有矿物的传说

鹅卵石中除了有丰富的石英颗粒，还蕴含其他矿物颗粒，它们相对少见，也更加与众不同。它们的故事更丰富多彩，因而地质学家愿意付出更多努力来破译。其中可能有锆石、电气石、黄玉、金红石，还有石榴石、十字石、独居石、磷灰石……稀有矿物虽种类繁多，但在数量上与石英相差巨大，以至于在薄片上只能偶然观察到一两粒。如果想要找到更多稀有矿物颗粒，就需要对石头样本做更极端的处理：将整枚鹅卵石碾成沙粒大小的颗粒，再将这些颗粒投入装有重质液体（高密度液体，如三溴甲烷$CHBr_3$）的烧杯中。密度较小的石英及其他矿物会浮到液面之上，而我们所寻找的稀有矿物密度较大，会沉入烧杯底部，此时将它们捞起，就可以得到这些"重矿物"了。

通过上述方法，我们可以收集到足够多的稀有矿物来进行分析。地质学家可以沿袭传统方法，用简单的双目显微镜鉴定，鉴定者需要充分掌握分辨矿物的技巧与经验，才能对一系列不同矿物的颜色、光泽及表面纹理做细致的区分。

当然，如今我们也可以用更先进的技术来代替传统的矿物分辨技巧。地质实验室中现已标配扫描电子显微镜或其"近亲"电子（微）探针，把这些矿物颗粒放进这两种仪器之一，仪器就会向每粒矿物发射高度集中的电子束，这会让样品发出特征模式的辐射，从而帮助我们识别出矿物中含有的原子类型，比如锆石中的锆、独居石中的镧和铈、金红石中的钛、磷灰石中的钙和磷的组合等。

无论通过哪种方式，人们都已经获得了有关消失的阿瓦隆尼亚地貌的另外一些线索，其中的一小部分现在就被压缩在鹅卵石中。锆石在花岗岩岩浆和山带核心最热的地方结晶，那里的温度足以熔化绝大部分的岩石。石榴石也是变质岩中的典型矿物，不过形成条件没有锆石极端，只需要在大约500摄氏度和10~15千米深度下的压力条件下即可形成。我们的骨骼主要由磷灰石（磷酸钙）组成，它赋予了骨骼强度，而它作为一种重矿物，通常是在花岗岩中 900 摄氏度的高温条件下形成的。

通过上述的部分矿物，我们可以还原一些极为珍贵的历史事件。锆石就发挥了重要作用。它的成分是硅酸锆，是锆、硅和几乎无处不在的氧组合而成的矿物；同时，它也含有很少出现在其他矿物中的元素，比如铪、钇、钍和铀等重元素，橄榄石、辉石、云母、长石或石英等主要造岩矿物都不喜欢它们。只有当锆石开始结晶时，这些不受青睐的重元素才找到了可以容身的矿物结构。

为了报答慷慨收容它们的锆石，这些原子让扫描电子显微镜以近乎超自然的能力呈现出了岩浆室的内部构造。如果我们对锆石晶体进行抛光，并以一定角度向其发射电子束，就会有一些电子从抛光的表面弹出，被专门放置的探测器捕捉到。矿物密度越大（指拥有重原子核的原子越多），它反弹的电子就越多，探测器捕捉到的图像也就越亮。人们用这种方法观察了许多锆石，得到了许多由同心的亮环和暗环组成的美丽图案。较亮的部分含有的铪元素较多，而较暗的部分则较少。当岩浆不断改变晶体周围的成分时，这些环就像是磁带录音机一样，记录下每块晶体的生长过程。这就像是在跟踪天气的微小波动，只不过这个天气系统位于地表下几千米处被摧毁已久的岩浆室中。

但在某种程度上，这一片段只是历史上的小插曲。锆石的主要贡献是能以很高的精确度引导研究地球的学者（或者说研究

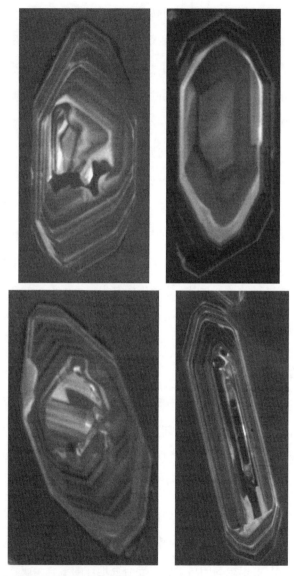

图 2　扫描电子显微镜观察到的锆石晶体。从其生长线的模式可以看出，每种晶体都有不同的历史

鹅卵石的学者）穿越第四维度——地球的深时①，回到过去。中世纪的学者们做梦也没有想到，他们一直以来疯狂地、徒劳地试图点石成金，而锆石当中竟然就有一种天然"炼金术"，一直在他们的眼皮底下进行（尽管是微观层面的）。这种"炼金术"的关键就在于锆石对铀的接纳。

时间机器

1896 年，亨利·贝克勒尔意外地发现铀是不稳定的，他从铀中发现了一种神秘的辐射，这种辐射不仅可以穿过厚厚的纸层，还能让完全避光保护的照相底板感光。他称铀的这种现象为"自发的放射性"。铀是常见元素中最重的一种，它有各种不同的形式，即多种同位素。在每种同位素的原子核中，不同数量的中子每时每刻都在努力阻止 92 个质子的分离。最终它们总会失败，原子核将会碎裂，飞出大大小小的碎片。

最常见的铀原子是 ^{238}U，它有 146 个中子拉着质子，在经历 44.6 亿年的半衰期后，会有一半的铀被转化成铅。原子弹中常用的同位素 ^{235}U（含有 143 个中子）分解的速度更快，半衰期也就更短，为 7.04 亿年（因此这种同位素的放射性更强，对我们的危害更大）。

---

① 深时（deep time）是一个地质时间概念，指地球历史的漫长时间尺度。——编者注

铀衰变产生的铅通常会留在坚硬的锆石晶体中（不过铅原子和锆石并不是特别适配，多亏如此，锆石在生长过程中不会吸收任何铅原子，它才正好能被用作时间机器）。因此，人们可以使用现代原子计数器（质谱仪）测量每块晶体中不同的铀和铅同位素的含量，并尽可能精确地确定每种同位素的半衰期，最后根据这些数据，便可以计算出锆石晶体的形成时间（精确到年）。

当然，我们还需要进行交叉检验。因为在长期的地下生活中，有些锆石可能会失去或得到极少量的铅或铀，从而使原子钟显示的时间不准确。打个比方，我们可以比较同一块锆石晶体中两种铀同位素的定年，如果结果相同，就说明年代一致，结果应是可信的。如果它们的结果不同，即给出的定年不一致，就说明有某种因素影响了原子钟的工作，这些结果可能就会被舍弃。

即使使用锆石做原子钟有很多注意事项和前提条件，它对地质学家而言也是一份十分珍贵的礼物。因为大多数矿物都无法指示时间：石英颗粒可能会带给我们很多丰富的故事，无论是关于冷却的岩浆还是结晶的矿脉，但它们并没有告诉我们这些故事是何时发生的。晶粒中的石英可能在 100 万年前结晶，也可能在 10 亿年前就结晶了，根据现有信息，我们根本无法做出判断。当我们试图还原地球丰富的历史时，无法锚定时间点会让我们垂头丧气，无能为力（事实上，石英也保留了一些时间的痕迹，不过是更靠近现在的时间，我们将在后文中进一步叙述）。可以说，是锆石等矿物帮助我们初步造出了地质学上的"时间机器"，我们才得以去往地球形成的初期遨游。

如今，对地质学家来说，锆石定年法已成为深时事件的主要计时器。人们认为，计时器测定的年代浮动应不超过总年龄的1%，方能称为精确。也就是说，对于数亿或数千万年前发生的结晶事件，定年结果的精确度要在±100万年之内。为了将锆石定年法的精确度提高哪怕一点点，人们付出了巨大的努力：比如设计更好的原子计数器，或者设法更好地确定不同同位素的放射性衰变率。再或者，我们也可以非常轻柔地去除锆石晶体的外层部分，因为那里最容易被污染。这需要花费很多精力，但毕竟最重要的是得到准确的时间结果，为此再谨慎也不为过。

我们的鹅卵石中可能含有几十到几百粒锆石晶体，每粒晶体都可以单独定年，这些定年结果将精确地（精确到1%或更进一步）标明单粒锆石晶体在某个岩浆室中或一条不断生长的山脉的根部生长的时间，哪怕这两个地方早已不复存在。但是，岩浆室究竟有多大？山脉究竟有多长？就这样，地质学家开始与精确的数字打交道，通过对样本中的锆石晶体进行年代测定，得出其年代范围，并了解这些锆石晶体聚集的过程。如此一来，我们就可以穿越层层迷雾，看到那些许久以前的大事件。

我们的鹅卵石可能带有浓浓的阿瓦隆尼亚特色。相当多的锆石都有6亿多年的历史，有些甚至有7亿多年。地质学家认为它们通常来自阿瓦隆尼亚大陆上的巨型火山喷发，与正在凝固的深层岩浆室有关，每个喷发阶段持续数千万年。再往前，这种证据就越来越少见了，直到 10 亿年前才出现了另一批锆石。还有一些比阿瓦隆尼亚大陆还要古老的锆石，有 20 亿年之久的历史。这又是怎么回事？也许阿瓦隆尼亚在漂移过程中，与更古老的大陆（如现在的非洲部分地区）相撞或相接了，于是它从那古老的地壳中带出了一些沉积物，其中就包括那些锆石。同样，阿瓦隆尼亚的锆石也有可能出现在其他大陆上，就像是一张递出的矿物名片。

这种历史记录被混合均匀的过程让单个火山爆发的影响几乎可以忽略不计，即使它们像喀拉喀托火山爆发那样剧烈。重要的是整体趋势，其中的细节已经丢失。丢失得更多的，是产出这些锆石的阿瓦隆尼亚景观的形状。在阿瓦隆尼亚的地貌不断演变，发生了彻底变化后，我们也很难凭借那些仅存的直径不到一毫米的碎片（哪怕有数万亿个）来确定这些火山是像富士山那样对称美观，还是像圣海伦斯火山那样部分坍塌。阿瓦隆尼亚大陆的微小碎片存留了下来，其中一些还在生动地讲述着漫长而复杂的故事，但毕竟完整连续的地表已消失不见，再难追回。任何高出海面的地貌，都不得不面临被侵蚀的命运。

泥土的诞生

鹅卵石的另一种成分也来自侵蚀作用。它是主要成分——看看这枚灰色石头中的灰色物质，它的比例远远超过了苍白的、富砂的部分，只不过出乎意料地难以恢复到原本的形式。它就是泥土。

因为鹅卵石已经不再是泥土了，而是一块板岩。原来的沉积物经过挤压和加热变成了坚硬的岩石，曾经属于泥土的物质也已改变了性质。把岩石薄片放在显微镜下，你会发现那些刀片般的晶体数量要远多于灰色石英颗粒的数量。把这些晶体放置在两块偏振滤光片之间，它们会呈现出红色、绿色、黄色、蓝色等多种绚丽色彩。这些基本上都是云母晶体。它们曾经比这小得多，只是阿瓦隆尼亚的泥土和沉积物中一些亚微观的泥土粒罢了。

风雨对阿瓦隆尼亚地貌的侵蚀，既有化学侵蚀，也有物理侵蚀。据判断，5亿年前大气中的二氧化碳含量比现在高，二氧化碳会溶解在雨水中，生成碳酸。所以，那时雨水的酸度比现在还要高，哪怕如今的大气已受到工业化的影响。同时，地表各处水的化学成分也可能因为陆地上植物生命的出现而发生了改变。如今，陆地表面的活植物和死植物释放出的腐殖酸对许多矿物具有腐蚀性，而那时没有树，没有蕨类植物，也没有花草，但在潮湿的避风处，可能生长着单细胞藻类和真菌，也许还有简单的叶状植物，就像今天的苔类。即使是这些陆生植物中的先驱，也会加快矿物分解的速度。

岩石表面会被腐蚀，变得像饼干一样松脆。而矿物腐蚀的外在表现与分子层面的巨大变化相比，简直是小巫见大巫：高温矿物那如大教堂般的拱顶框架被拆除，形成了颗粒极细的黏土矿物，细到一克黏土（如果有足够的耐心）就可以铺满几百平方米。这些细碎的矿物与它们的母体矿物一样，本质上都是硅酸盐或铝硅酸盐，也就是说，它们的基本结构都是硅、铝和氧的金字塔形组合。这些基本结构呈片状排列，上面或多或少松散地黏附着各种带电离子：钙离子、镁离子、铁离子、钾离子和钠离子，以及其他离子。

这些黏土薄片一旦形成，就会脱离母岩，成为土层的一部分。阿瓦隆尼亚时期的土壤可能比今天的土壤更薄：由于没有森林和草地，土壤中的腐殖质可能很少。由于没有植被覆盖，土壤在重力和雨水的作用下会更快地向坡下流失。从土壤中冲刷出来的微粒可以被溪水和河水带走；干燥后，它们可以被风吹到很远的地方。最小的颗粒非常轻，它们可以穿越海洋，降落在其他大陆上，就像今天撒哈拉沙漠的尘埃可以降落在欧洲一样。

由于这些黏土微粒细腻轻盈，它们很快就会与从崩塌的岩壁中释放出来的沙粒分道扬镳。沙粒一旦被卷入河中，就会被水流推动，沿着河床滚动、弹跳，就像涟漪和沙丘一样在湍急的水流中沿着河床迁移。当水流变缓时，它们就会停止。然而，黏土颗粒会悬浮在这些走走停停的"沙毯"之上，走得比沙子更远、更快，即使在缓流中也能行进。只有当水流停止时，细小的黏土薄片才会开始沉淀。

在通过流动的风和水输移的过程中，原本来自同一块岩石的各个组成部分会根据大小、形状和密度被分离和分类，输移的时间越长，分离的程度就越大。鹅卵石中的泥土与沙粒走过的路径不同（很可能泥土走过的路径更长），而且来自阿瓦隆尼亚的不同地区。一些颗粒甚至可能来自其他大陆，被高空风带到了这里。

鹅卵石中还有一种成分，其来源更广，可以来自地球的任何地方。黏土矿物并不是地表岩石化学风化的唯一产物。随着原始矿物的分解，一些原子会以带电离子的形式直接被释放到溶液中，特别是钠、钾、钙和镁。

这些矿物质将被溶解，最终以"淡水"之名流向大海。只要看看任何一瓶矿泉水的标签就会知道，淡水其实是一种由溶解于其中的盐组成的复杂的"化学鸡尾酒"，千百万年来，正是这些溶解的盐分让海洋变得咸咸的。鹅卵石中也会含有这类矿物质，但它们并不完全来自阿瓦隆尼亚，而是来自地表各处。这大概是每块岩石中最具有"世界性"的部分：它们在最终沉淀下来之前，可能已经进行了多次环球航行。而溶解的物质一旦进入海洋，即使不能说永远停留在那里，至少也会停留很长时间，并在洋流的携带下环游海洋很多次，最后才沉淀下来。

溶解的物质在海洋中停留多长时间、漂流多远，取决于是什么物质。海洋学家在研究这种现象时，会提到元素的"停留时间"，即某种元素在海洋中停留的平均时间。一些元素的停留时间可能非常长，例如钠离子平均可以在海洋中游荡近 7 000 万年才沉淀，因为虽然海洋中已经含有大量的钠了（据最新统计，约有 1 亿亿吨），但它还可以容纳更多的钠。而其他溶解度较低的元素的停留时间则短得多，比如铝离子平均在海洋中只停留 200 年。其中一些物质需要一个载体才能进入鹅卵石，例如，溶解的镁离子可以附着在其碰到的黏土薄片上。至于其他物质，包括生命在内，则涉及更复杂的过程。不过，这些是后话了。

这一章到此结束。在阿瓦隆尼亚北部的某处，河流正携带着无数的沙粒和泥浆进入大海，那是一片已被溶解的盐分填充了约 30 亿年的大海。从现在起，大海必须把这些颗粒带到它们最后的安息之地。

第 4 章

前往会合点

大自然的力量

　　在任何一次伟大的远征开始之前，所有的武装部队，包括各个部族、军队、雇佣兵等，都会通过不同的路径，由远及近，聚集在一起。一旦集合完毕，他们就会集体出征，从此他们的命运就会连在一起，荣辱与共。

　　在志留纪，一些沉积颗粒聚集在阿瓦隆尼亚海岸附近，它们就是未来将形成鹅卵石的物质。这些颗粒将前往一处安息地，再过大约4亿多年后才能重见天日。这些沙粒和泥片承载着它们各自的历史，随着阿瓦隆尼亚的河流被冲向某条消失已久的海岸线——这些河流甚至还没有被现代探险家、地质学家发现，也没有被绘制在地图上或命名。这些河流可能永远也不会被绘制出来了，因为在流淌的过程中，它们会不断侵蚀自身，冲刷掉自己留下的痕迹。就像阿瓦隆尼亚在永不停歇的风雨侵蚀下，也一粒粒地瓦解了一样。最后剩下的，只有它们曾运载的货物，也就是沙子、泥土和鹅卵石。

那条古老的海岸线大概位于如今南威尔士的彭布罗克郡，在我们捡到这枚鹅卵石的威尔士西部海滩南边不过50英里①。它会是什么样子？也许它像如今的彭布罗克郡海岸线一样崎岖不平，只不过它不是朝南的，而是朝向北边，眺望着一片将要变成威尔士山脉的开阔海面。

对于将要形成鹅卵石的物质而言，穿越海岸线标志着它们进入了一个新的领域。河水入海后，水流的速度会变慢。一些泥沙颗粒不再受河水推动，便会堆积在河口周围形成三角洲，或是淤堵在河口内。不过，它们也不会静止太久，毕竟海岸线是能量交换的地方。风、潮汐和波浪等都带有能量，航海者需要尊重、理解并预测它们的动向，而它们也会作用在这些沉积颗粒上。如果有航海家突然穿越回到志留纪的海岸线，他们可能会发现当时的风和如今的风差不多，不过潮汐则会更猛烈一些，让航海家眉头紧锁。

从古至今，潮汐一直困惑着哲学家和知识分子，更是直接影响着航海者。为什么海平面会如此有规律地涨落，先是淹没陆地，然后又会退回去？为什么潮汐的水流会先将人拖上陆地，然后又将人卷入大海？神话传说认为，潮汐现象源自一位巨大海神

---

① 1英里≈1.61千米。——编者注

的呼吸，或者是他的心跳。我们的祖先不仅对潮汐充满好奇，也非常关注天空。那时的夜空辽阔而明亮，吸引着人们进行广泛而深刻的思考，这在如今人工照明无处不在的城市中是难以想象的。

我们的祖先通过比对潮汐和天空的规律，发现潮汐与月相有关。例如，老普林尼记录了两者之间的明显关系；和他同时期的塞琉古也是如此，认为是月球在压迫着地球大气层。作为科学家和神学家，尊者比德观察到，涨潮与落潮的现象，其实是一波波巨大的海浪在沿着英格兰东部海岸缓缓前进。

不过，首次从本质上阐述潮汐现象的是法国学者拉普拉斯侯爵，他称之为"天体力学最尖锐的问题"。他认识到，潮汐是被拉起而凸出的一团水，不仅与月球对地球水域的引力有关，也与阻止这两个旋转的天体飞向彼此的离心力有关。因此，地球不是只在靠近月球的一侧隆起一团水，而是在另一侧也会隆起一团水（每天会出现两次涨潮和两次落潮）。太阳对潮汐也有影响，它可以使潮汐整体变高（如大潮）或变低（如小潮），这取决于它是增强月潮（太阳与地月系统在一条直线上）还是减弱月潮（地球、月球和太阳形成直角）。

因此，这些巨大的水团在地球的水包层中隆起并在地球表面移动时，就会产生水流。水流向隆起的顶峰流动，而在潮汐隆起的顶峰向另一处移动时退去。这些水流可能会淹没想要穿越河口的大意游客，也会来回冲刷那些沉积物颗粒。水流要么将它们带入大海，要么让它们堆积在海岸附近，成为潮沙和泥滩。拉普拉斯侯爵是个聪明的人，他能计算出地表潮沙这台复杂机器的细节。同时，他也很懂得明哲保身的道理，在法国大革命最激烈的时候离开了巴黎，因而没有像许多人一样在革命中丢了性命。

潮汐永不停歇，就像一台永动机。不过，世界上毕竟没有永动机，获得能量总要付出代价。代价是，世界的运转正在减速。我们可以把地球、月亮、太阳看作一个系统，引起潮汐的能量就来自这个系统的动量。随着能量消耗，地球的旋转速度会越来越慢，月球也会离地球越来越远。因此，在4.3亿年前，月球离地球距离更近，地球上的每一天时间更短，一年有400多天。那时的潮汐较高，潮汐的水流能更有力地将沉积物卷过浅海海底。

除了潮汐的作用，后来形成鹅卵石的这些颗粒所处的沿岸水域也断断续续地受到风的搅动。对试图了解地球如何运作的人们来说，风是另一个未解之谜。风时而轻柔地吹，甚至根本不吹。在那些平静的日子里，海面就像玻璃一样；但猛烈的时候，暴风狂烈到足以折断成年大树的树干，或将脆弱的小船撞向海岸礁石。是什么让风"静若处子，动若脱兔"？为什么风从某些方向吹来的次数比从其他方向吹来的次数多？古人充分发挥了他们的想象力，在他们绘制的简陋地图上，有时真的会出现神或小天使鼓着腮帮子在地球表面狂吹的景象。

我们的祖先没能把潮汐与月相清晰联系起来，也就是缺乏归纳总结规律现象的能力，因此也就无法科学地理解风。对我们的远祖来说，风是一个真正的难题，为此，人们援引了各种各样的神去解释或者指责风。例如，北欧神话中的风神被称为尼约德（Njord），印度教则称风神为伐由（Vaju）。斯拉夫神话中，斯特里伯格（Stribog）是八方风神的祖父。古代日本的风神（Fujin）背着装满风的麻袋在世界各地漫步。古希腊的风神多得令人眼花缭乱：风暴之神埃俄罗斯是希波忒斯之子（注意不要与海伦之子埃俄洛斯或海神波塞冬之子埃俄洛斯混淆），他是北风之神波瑞阿斯、南风之神诺托斯、东风之神欧洛斯和西风之神泽费罗斯的守护者。这四位风神可能是有翼的骑士，也可能是马，或者纯粹只是风。埃俄罗斯把性格温和的泽费罗斯装在袋子里送给奥德修斯，泽费罗斯把这位英雄向东吹向伊萨卡。不巧，袋子里还装着其他的风。奥德修斯的部下在他们到达目的地之前就释放了其他的风，然后又被吹了回来，这让埃俄罗斯很不高兴。

公元前5世纪的色诺芬尼提出的假设则要更合理一些。色诺芬尼大胆猜测，如果没有"大海"，就不可能有风、雨、溪流和河流。这个猜测严格来说并不正确（至少在风的方面不正确），但至少思路是正确的。顺便提一下，色诺芬尼不赞同把神想象成人形的观点。他说："一头会思考的牛会想象它们的神是牛的样子吗？"他还思考过化石可能意味着什么（他认为这意味着世界曾被水覆盖）。总的来说，他认为现实的真相就在某个地方，只是人类（目前）还没有发现它。听起来，他是个了不起的人。

关于风的产生，直到 17 世纪，在意大利，伊万杰里斯塔·托里拆利才找到了真正的原因。托里拆利是一个出身贫寒的聪明小伙子，在法恩扎，或许是在罗马（史料记载不详），接受过耶稣会教育。他长大后成为一名卓越的数学家，崇拜伽利略，并成为后者的学生。他因发明气压计而闻名（因此压力单位以他的名字命名为"托"，torr）。他被认为是"空无一物"的发现者，即第一个创造"真空"概念的人。他说，尽管大自然通常"厌恶"真空状态，但真空状态是可以形成的。托里拆利意识到，风之所以产生，是因为地球上不同地方空气的温度不同，空气的密度也不同，这些空气才会相对于彼此流动。

色诺芬尼认为是海洋驱动着风，但实际上，太阳才是风的发动机。太阳加热了赤道地区的空气，使其向上移动，然后空气向外移动、扩散、冷却、下沉。移动中的空气受到地球自转的影响而偏移，形成旋涡，变成我们每天感受到的风与雨。

风吹过海面，拍打着它，使海面泛起细小的涟漪。随着风的不断吹拂，这些涟漪逐渐变大，先变成小波浪，然后变成大波浪，在海面上缓缓移动。波浪可以传播数千英里，直到抵达遥远的海岸线才会破碎。虽然波浪能传播很远，但水本身并不会传播这么远的距离，这是因为波浪传递的并不是水的质量，而是一种波动的能量。当波浪经过时，海水只是在一个圆形轨道上运动，轨道直径与波峰到波谷的距离相当，我们可以通过观察海面上一块浮板的运动看到这一点。在浅水区，这些小尺度的水的运动会

"抓住"海底，并使沉积物颗粒来回移动。沙子堆积成一排排涟漪，而泥浆碎片则悬浮在水中，直到抵达一个不受这种运动搅动的区域时，才会沉淀下来。这种区域要么是避风的潟湖或河口，要么是在波浪搅动不了的平静深海。

大约4.2亿年前，在从陆地到深海的旅途之中，未来的鹅卵石颗粒会被潮汐的涨落卷起，在志留纪的海岸线上被海浪搅动。它们在晴朗的日子里被轻轻地卷起，在远古风暴肆虐时则被猛烈地搅动。鹅卵石在经过这些交错的能量变化网时，会与沙粒进一步分离，而沙粒又会与细腻的泥片分道扬镳。各种沉积物颗粒在海水的牵引下做出不同的反应，它们在海底以不同路径移动，然后在离岸流或潮汐流的作用下，从四面八方以不同的组合再次汇聚。在推搡和颠簸中，它们也会改变自己的形状，逐渐变得光滑圆润，尤其是到了沙滩上的时候。

在志留纪的浅海中，将要形成鹅卵石的颗粒会遇到大量的生命体。例如，这些移动的颗粒可能会遇见如今已经灭绝的三叶虫，并被三叶虫的腿推到一旁。这种奇特的生物看起来就像长得过大的鼠妇，它们长着许多对腿，带着它们穿过海底。三叶虫是捕食者，靠近食物链的顶端。它们会捕食某些以鹅卵石颗粒为食的生物。海底的泥质沉积物营养丰富，因为它包含了许多来自动植物尸骸的蛋白质、脂肪和碳水化合物，以及不断分解这些尸骸的微生物。这些营养丰富的混合物就像是一种"肉汤"，被蠕虫和穴居软体动物大军吃掉、消化并排出体外。当未来的鹅卵石颗粒穿过这些生物的内脏时，它们的成分发生了微妙的变化。尤其是黏土颗粒：人们已在现代海洋蠕虫的内脏中发现，黏土的化学成分发生了变化，两组金属原子进行了交换。几乎可以断定，在志留纪蠕虫的内脏中，这些颗粒也发生了类似的变化。

我们的鹅卵石颗粒与那时的奇妙生命之间的互动并不总是被动的，也不总是良性的。泥沙可以支持生命，也可以危及生命。有些海底生物不吃泥巴，反而避之不及。它们是滤食者，会伸出纤细的触手，从海水中过滤出微小的生物。如果海水中含有暴风雨或河水带来的沉积物，滤食者的进食系统就会被堵塞，不堪重负，那么这些动物（比如说珊瑚虫或腕足动物）就会窒息或饿死。这是海洋生物面临的常见威胁之一，我们在地层中也常常可以看到，大量滤食性生物的化石就在杀死它们的沉积层下面。在鹅卵石颗粒中，有一部分（甚至是很多）颗粒记录了这些阴暗的过去。不过，这些"致命的颗粒"看起来和周围的其他颗粒一样无辜。

而这些致命的事件也一步步将鹅卵石颗粒推向最终的安身之处。大型风暴不仅会给陆地和海洋带来混乱，也可以将沉积物运送到更远的海域。在风暴最猛烈的时候，狂风可能会将大量海水堆积在陆地上，而上方空气中的低气压又会将海面吸得更高。如今，一些刚好处于大型风暴路径上的沿海城市便会面临这种情况，比如新奥尔良在卡特里娜飓风来临时就被淹没了。但是，只有风暴进行到尾声时，它才会在海底留下大范围的痕迹。随着风力减弱，空气的低压区逐渐被填满，大量海水沉降回海面。海水因沉积物的翻滚而更加稠密，沉积物也被汹涌的海浪集结到一起，涌向海面。这种现象被称为风暴退潮，它会贯穿海底。随着风暴的速度减慢和逐渐停息，海底铺上了一层地毯。这层地毯由沙子和泥土组成，同时还有被卷走的海底生物的残骸。而这些残骸之后又会使其他幸存的生物窒息，并将这些生物掩埋。这是一个新的沉积层，地质学家称之为风暴层，或者更形象地说（带有莎士比亚的色彩）是暴风岩。它可以一直保持如此，也可以被其他类似的地层掩埋，最终成为岩层的一部分。

前往深水区

沉积物往往会不断移动，鹅卵石颗粒当然也是如此。想要持续前进，一种简单的方法就是不要停下来。或者，沉积物可能会先停下来，沉淀几个世纪或几千年，又被风暴或地震搅动起来。现在，我们要跟随鹅卵石颗粒的足迹，进入风和潮汐无法到达的领域了。在这个领域，重力对鹅卵石颗粒起着决定性的作用。在这里，沉积物颗粒将会最终形成鹅卵石的一部分。这部分变化十分明显，无须电子显微镜或质谱仪帮助，甚至不需要用到放大镜，一个孩子也能轻易地看到。现在，这枚条纹漂亮的鹅卵石上将出现最大的条纹。这些沉积颗粒即将在大约 4 亿年后到达最终目的地。

想让重力发挥作用，需要有相应的条件。无论是斜坡、高地和低地之间的高度差，还是下面要说的浅海和深海之间的高度差，都能提供这种条件。从古代海岸线向北，我们的海底会下降到几百米的深度。临岸海底坡度较缓，而在临岸海底和深海海底之间有一个斜率足够的斜坡（不需要太倾斜，也许坡角只要几度就够了），让堆积在上面的沉积物变得不稳定。

如果遇上地震或异常强大的风暴，沉积物便会被震向斜坡周围的地面。松软的泥沙层会滑落，向下翻滚。泥沙滑落后，会露出新一层的泥沙，这些泥沙更加不稳定，因此更多泥沙会滑落，露出更下层的泥沙。就这样，一轮又一轮的坍塌在不断发生，不断露出下层的泥沙。一次中等规模的坍塌会让数百万立方米的沉积物滑落（1 立方米的沉积物大约相当于 25 个建筑手推车的标准载重），直到斜坡变得稳定。而如果发生更大规模的坍塌，将会有数十亿立方米的泥沙滑落，这无疑是一场海底灾难，尽管在海洋中经常发生。

有时，滑落的沉积物并不会移动太远。如果斜坡较短，坡度相对较缓，那么沉积物可能只是在斜坡下一小段距离内堆积起来，泥沙也只会部分分解，形成错位地层板片——这种情况常发生在陆上的山体滑坡中。但在水下，沉积物可能滑落得更远，最远可达数百甚至数千千米。这些滑落更远的沉积物的后续旅途，才真正非同寻常。

它们将形成一种新的流体，既不完全是泥，也不完全是水，而是介于两者之间。当松软的地层裂开时，它们就会与海水混合，形成一种含有大量沉积物的稠密流体。这种流体在重力的作用下向下流动，逐步形成了浊流。

浊流是一种神奇的现象，其动态变化过程引人入胜。我们可以在实验室一个装满水的水箱中，缩小比例来还原这一现象。带着泥沙的流体在水箱底部流动，在水流中无处不在的湍流和漩涡的作用下，流体的形状不断变化。它看起来更像一个活物，而不仅仅是一个物理过程。进入浊流状态后，它就能在极缓的斜坡上长途跋涉。它可以绕过障碍物，如果障碍物足够大，它甚至可以反弹并向另一个方向前进。在不断更新的湍流的作用下，沉积物可以始终保持在水箱底部的上方（也就是海底的上方），因此，浊流运输沉积物的能力如此惊人（在今天的地球上，运输距离超过 1 000 千米的情况并不少见）。浊流中的泥浆还起到了"增稠"水流的作用，让水流的密度和黏度更大，这也能让沙粒悬浮在流动的水流中。总之，这些都是十分高效的机制。

但即使是效率最高的机器，最终也会减速。当浊流流过斜坡，在海底平面上流动时，推动水流、驱动数十亿个湍流的重力效应也将逐渐减弱直至消失。在我们的鹅卵石所记录的事件中，斜坡坍塌事件发生几个小时后，浊流到达了距离其起点大约 100 千米的地方（以地球的尺度来看，这个距离很短），其流速逐渐减慢，湍流也逐渐减弱。然后，浊流开始在广阔的海底抛洒沉积物，先抛下最重的颗粒，再抛下较轻的颗粒。大概几个小时之后，大部分泥浆就已经沉淀到海底，不过细小的颗粒也可能在坍塌事件发生后的几天里仍在沉淀。在这样的深度，海浪和潮汐的作用已经微乎其微了。在现代人看来，这片海底寂静又奇妙。

不过，这片海底上沉降了一层浊流沉积物（这一过程从地球上最初出现海洋开始，就没发生多大的变化）。它体现为鹅卵石中的灰色条带：虽然只有几厘米厚，只包含一两茶匙曾经的泥浆，但它是一桩把数百万吨沉积物播撒到古威尔士海底几百甚至几千平方千米区域的大事件的一部分。

一次浊流沉积只会产生一层沉积物，但它的上下也有很多"邻居"。在威尔士的海滩上，手握着鹅卵石，你可以转过身来看看身后的悬崖和岩石峭壁。你会发现它们有着明显的条纹（如插页图1A所示）。每道条纹都是一个地层，一个单独的浊积岩层，大多比鹅卵石中的灰质地层厚得多，有些厚度甚至达到半米或更多。我最近在苏格兰见到一个厚约40米的浊积岩层，就属于这个年代。威尔士大部分地区的山丘以及地球上的大部分山脉都是由浊积岩层构成的。

我们可以走到悬崖边，仔细观察这些条纹。它们讲述了一个故事，这个故事是无法从鹅卵石中看到的，也无法从任何一块从原本所在的悬崖中剥离的石板上推断出来。我们可以寻找更厚的浊积岩的浊流单元，即那些携带大量沙子（现在变成了砂岩）和泥浆的单元，然后寻找代表该单元最底部的地层表面（实际上是一小块海底）的压痕。要做到这一点，我们通常需要小心翼翼地俯身接近凸出的砂岩，或者在下面爬行。走运的话，你会看到这些表面上有着奇怪的痕迹，就像是顶端圆润的短脊，一端逐渐变窄，平缓地与周围的石板相接，另一端则陡峭而突兀地与周围的石板相接。砂岩层下面的泥岩表面也曾有相应的细长凹陷，但软质的泥岩早已被海水和风雨侵蚀殆尽。

这些痕迹被称作"槽模"（见插页图 1B），它们标志着泥质海底曾被冲激流中的涡流冲刷过，正是这些冲激流带来了厚厚的泥沙。逐渐变细的一端指向浊流的下游，较陡的一端指向湍流的方向，因为带沙水流的冲刷涡流总是先冲出陡峭的痕迹，然后才顺流而下。在威尔士海岸线上，较陡的一端始终指向南方，我们因此可以知道浊流来自南方。这是地质学家用来重建过去地球地理过程的经典路标之一，如今已出现在每本地质学教材中。

碳的来源

鹅卵石中还存在其他完全不同的岩层。那些平淡无奇的灰色厚条纹中还夹杂着深色岩层，这些深色岩层大多只有几毫米厚，显得非常细密，在潮湿的情况下更是如此。如果再用放大镜仔细观察，你会发现这些条纹（地质学家称之为层理）的厚度还不到一毫米。浅色层理的颜色和色调与浊积岩层大致相同，而深色层理几乎是黑色的，它们通常交替出现。

对于一般的泥岩，包括我们这枚鹅卵石，有一条非常适用的经验法则，即泥岩的灰色越深，它的含碳量就越高。因此，细小的深色条纹处含有的碳会比岩石的其他部分更丰富。这当中有许多故事，也有许多谜团。不过，我们可以从碳进入鹅卵石的途径说起。我们在这里讨论的是另一场旅行，或者说是无数次的旅行，因为大部分碳与阿瓦隆尼亚没有什么关系，可能是从半个地球以外的地方来的。

先说最重要的。构成鹅卵石大部分的灰色厚层是浊积岩层，这代表了地质学上的瞬时"事件"。浊积岩层每沉积一层，深海海底就会再铺上一层厚厚的泥沙"地毯"，这类事件发生的频率大概为几十年一次。在这些灾难性事件之间的日子里，几乎没有沉积物到达海底。不过，几乎没有不意味着完全没有，不时也会有薄层的泥沙和泥浆沉到海底，也许是季节性的。这部分泥沙和泥浆层的厚度往往不超过一粒米的直径。它们来自缓慢漂流的浊流，在海里漂流了数周或数月，而不是数小时。这些缓慢移动的稀薄浊流被称为雾状羽流。一场大雨过后，它们随着泥水沿着长长的路径从河口流向大海，我们可以在海上看到这些羽流。如今，我们也可以通过卫星追踪到它们在海洋中的缓慢移动和最终的消散。

在雾状羽流中，还携带着另一种缓慢向下漂移的物质。这不是矿物颗粒形成的轨迹，而是一种持续的死亡过程——海洋的上层存在一些浮游生物，它们生活在能被太阳照到的海域。在落到海底后，它们就变成了我们在鹅卵石上借助放大镜能看到的黑色薄层。

这些浮游生物体内的物质大部分都不是来自邻近的阿瓦隆尼亚大陆。比方说，它们体内的碳是从世界上不知哪处的火山中，以二氧化碳的形式喷发出来的。这些碳在大气中游荡了若干年，再溶解在海水中，并被洋流带到阿瓦隆尼亚周围的海域，然后被微小的浮游藻类通过光合作用捕获。这些藻类在海中生老病死，其中许多被浮游动物吃掉，而这些浮游动物又会经历生老病死。

碳的漫游遍布世界各地，不像矿物颗粒——其移动轨迹受到地理限制。然而，在旅程的终点，远行的碳和当地的硅酸盐都会并肩躺在志留纪威尔士深海的海底。那是一片陌生的海域，因为当时的世界与现在截然不同。现在，这枚鹅卵石已经可以讲述关于这片海底的故事，以及它对志留纪地球的意义了。那是一个完全陌生的地球。

第 5 章

茫茫大海

死亡地带

在地质学中，有很多事尚无定论。例如，我们的鹅卵石所在的志留纪海洋（位于今天的威尔士盆地，并将在4亿年后成为我们脚踩着的海滩），它到底有多深？我们可以估算出它的最小深度：起码，它比海浪和潮汐能在海底留下痕迹的深度还要深。因为鹅卵石上并没有经历过潮汐的迹象。或者，更有力的证据是，在可能形成这类鹅卵石的威尔士悬崖的任何地层中也没有这些痕迹。这意味着，根据经验判断，那时的大海至少有几百米深——这是在开阔海域，最大的海上风暴所掀起的最大海浪所能影响到的海水深度。

如果发现了沉积在高于那个深度的地层，我们就可以对当时的水深做出初步估计。比如，若是发现了海滩地层的化石，就表明这一深度的石头是在曾经的海平面附近形成的。而在海平面下，我们也可以对浅海与深海的海底做出区分。浅海的海底经常受到搅动，即使天气较好，也会受到小型海浪的影响。因此，浅海中的泥土会被搅散在海水中，只有沙子与鹅卵石可以沉淀下来；而深海的海底通常只有在巨大风暴来临时才会受到影响，而这样强度的风暴往往数十年甚至上百年才发生一次。所以，深海的海底常常沉淀着厚厚的泥浆。可是，如果大海比这还要深呢？不管是通过鹅卵石还是地层，都很难判定志留纪的大海深度究竟是 300 米、3 000 米还是更深。我们只能说它很深，但确切的数字仍旧成谜，看来要留待后来的地质学家逐步解决了。

不过，有一点可以肯定，甚至这枚鹅卵石样品就可以证明：志留纪的海底一片死寂，没有多细胞生物。当泥浆涌入，在海底一层层堆积起泥沙时，如果有任何生物曾走过、爬过或钻过海底，那么这些如画布般的沉积层上理应留下它们的痕迹。

但是，鹅卵石细腻的层状结构（见插页图 2A）中并没有这些痕迹。在威尔士的悬崖峭壁上，那些厚厚的深水地层中，也找不到任何生物的足迹。并不是说当时复杂生命还没有演化出来：同时期较浅海域的地层中，就可以找到大量的腕足动物、三叶虫、软体动物的化石。所以，到底是什么把这些生物挡在了深海之外？近一个世纪前，伟大的地质学先驱之一约翰·马尔（John Marr）就注意到了这一点。他说："100 英寻（约 180 米）深水线下的海洋就好像中毒了一样。"某种程度上确实如此。

许多因素都可能使深海不适合生物生存。可能是海水太咸了，比如在一些内陆海，水分会蒸发而盐分留下，海水变成了浓盐水。如果是这样，那么我们应该会在附近发现岩盐层，或后来又被溶解的岩盐晶体留下的更为细微的印记。可能是海水位于火山口附近，太烫了，又充满火山口喷出的化学物质。如果是这样，那么我们应该会看到火山与沉积地层共同存在。还可能是海水真的"有毒"——有毒浮游生物在其中大量繁殖。但是，在这块鹅卵石和其所在岩层中，我们既没有检测到盐的晶体，也没有发现火山岩。至于"有毒"的海水，它持续存在了长达数百万年，曾经的威尔士海如此，同时期其他区域的海（如今是英格兰湖区，还有苏格兰以及新斯科舍、北非和波兰等地的海域）也是如此，它不是深海死气沉沉的真正原因。唯一真正阻止生命进入如此大面积深海的原因，就是缺氧。

那时的海洋深处处于缺氧状态。除了能适应缺氧条件的微生物（属于植物和光合作用出现之前的古老谱系），任何形式的生命都无法在此定居。当时的深海与我们熟知的现代海洋完全不同，在现代海洋中，氧气与复杂的多细胞生命几乎无处不在。如果乘坐时光机穿越到此刻，你会感觉自己简直到了另一个星球。

现代海洋氧气充足，只有少数几处和志留纪的缺氧海洋有些相似，黑海就是其中的代表。黑海水深超过2千米，几乎完全是一处内陆海。浅层海水生机盎然，不过最近污染有些严重。到了约300米深及以下，海水中就没有氧气了，而是有大量溶解的硫化氢，人们都知道它有难闻的臭鸡蛋气味，但没那么多人知道它的毒性甚至与剧毒的氰化氢相当。这种环境十分不利于多细胞生物生存，但海洋考古学家要感谢它，因为希腊和罗马的船只残骸就沉睡在黑海的海底，由于与氧隔绝，至今仍保存完好。

广海中也有几处小面积区域天然缺氧，比如美国加利福尼亚近海的圣巴巴拉海盆。它是海底的一处盆地，宽几十千米，有相对较高的壁垒环绕，阻止洋流的冲刷。海水在这里停滞了，沉积物层层堆积下来，像极了鹅卵石的层理。更棒的是，由于这一地层正在形成，地质学家可以充分研究它们的形成过程。他们可以乘坐深潜器在海洋深处观察它，可以对这些海底泥浆进行取样，可以在海底留下敞口罐，以获得落到海底的物质。对我们这些想穿越时空、回到遥远过去的人来说，圣巴巴拉海盆就像是个乐园，甚至是天堂。

在圣巴巴拉海盆，有一些较厚的泥层，很像鹅卵石上那些厚厚的灰色条纹。这些是浊积岩，由加利福尼亚海岸百年一遇的大风暴卷起的沉积物在重力作用下大量涌入而形成。在各个厚泥层之间，还夹杂着颜色较深的薄泥层。圣巴巴拉海盆的层理，就像古威尔士鹅卵石的层理一样，由颜色深的有机物质层和颜色浅的厚泥层交替累积而成。在圣巴巴拉海盆，浅色层是每年冬天河水泛滥时漂流过来的沉积物，而深色层则是掉落海底的浮游生物的残骸。这些现代加利福尼亚的层状沉积物以年为单位周期性累积：我们可以从海底的表面开始往上数，就像数树木年轮一样，将特定的层状沉积物与特定的历史事件相匹配。例如，某一年洪水特别猛烈，它就会带来较厚的层状沉积物。这就像是某种日历和现代史的结合。

不过，鹅卵石所在的地层可没那么幸运。圣巴巴拉海盆为我们提供了一幅展示类似鹅卵石地层形成的环境与过程的良好图景。这是我们目前所能获得的最好的图景，但仍不十分精确，就像是一幅印象派的图画，而不是复印的图像。研究威尔士地区地质的学者沮丧地发现，此处的鹅卵石地层似乎并不是逐年累积的，不像圣巴巴拉的地层那样可以以年来绘制、分析、计算。

我们必须非常仔细地观察鹅卵石，要么将它切成两半，把切面打磨抛光；要么将它切成薄片，用显微镜进行分析。拿在手上看时，它的层理很清晰，但在微观尺度下它的层理就会变得模糊不清。大多数鹅卵石在显微镜下看根本不是连续的层状结构，而是不连续的缕状、透镜状和斑块状结构，常常一分为二，或与其他层状结构混在一起，没有明显的区分。简而言之，它们不可能被精确地计数和分析。这简直太可惜了！我还记得几年前，我最终放弃对一枚类似的鹅卵石做层理计数时的挫败心情……如果真能跨越 4 亿年，精确地记录志留纪每件事的具体年历，那将是多么奇妙、多么酷啊（当时我还年轻）。但这不可能实现，直到现在也不可能。

那么，为什么鹅卵石的纹理不能像圣巴巴拉海盆的地层一样，记录下精确的地层日历呢？这又是一个谜团，大概涉及志留纪的陌生海洋与今天我们熟悉的海洋间的深刻差异。威尔士海洋长期缺氧，因此化学物质与如今的海洋不同，洋流系统不同，生物系统也不同。我们对那个世界运行的规律仍知之甚少，要正确揭示地球这部分古老历史的全貌，还有许多艰苦的探查工作要做。

还有一些细节需要说明，包括在显微镜下，鹅卵石上那些并不完全是层状结构的物质的由来。有条线索藏在如今的海底。当浮游生物死亡并落到海底时，它们往往不是单独落到海底的，这是因为大部分浮游生物都由单细胞生物组成，它们又小又轻，要想单独沉入几千米深的海底，所花费的时间大概真得按地质年代来计算。相反，它们会聚集成一团团凝胶状物体，一同沉入海底，或者被大型生物吃掉再排出体外，成为粪便。这些沉降的团块被称为"海雪"，蕾切尔·卡森形容为"海洋中永恒的降雪"，它是一条从海平面到海底的高速公路。如今，在海洋中的富饶区域，我们从深潜器的窗口向外眺望，就能看到这样的"海雪"向下飘落。因此，我们在鹅卵石中看到的一些丝缕状物，很可能就是志留纪"海雪"的残骸。

上述这些说法很有可能，也很有说服力。但在科学中，总有其他的可能性。我们需要考虑那片陌生海底的确切性质，因为还有一种可能：也许那片海底并不只是一望无际的泥浆、粉砂和掉落的"海雪"，而是也存在着适应黑暗、无氧空间的生命，比如不需要氧气的古老微生物。微生物通常被认为是存在于土壤、堆肥中的最简单、最原始的生命形式，也有一些在我们体内存活，我们称之为细菌。①

　　微生物身上还隐藏着一个如今越来越为人所知的复杂之处，就是它们擅长团结合作。许多微生物都是群居的，形成令人惊叹不已的菌落（你几乎可以想象微生物学家讨论这些现象时的兴奋表情）。菌落无处不在，从牙齿的表层到池塘的浮渣。每个菌落中都可能有几十种或几百种细菌，单个细菌之间通过化学信号（群体感应）相互传递信息，告诉对方哪些微生物可以加入，哪些则不受欢迎。它们在一系列微妙的联系和联盟中共存、合作、共同演化，必要时菌落之间也会进行战争。它们就像是微观上的热带雨林或珊瑚礁。如今的海底对它们来说颇具挑战性。如果只有微生物自己，微生物会形成垫状菌落，覆盖几乎所有的海底表面。但它们也有天敌：蠕虫与食草的软体动物会钻洞并咀嚼海底表层沉积物，不断地将复杂而脆弱的微生物垫撕成碎片。

　　不过，志留纪大面积缺氧的海底并不适合软体动物生存，因此它们可以成为微生物不受干扰的天堂（事实上，自30多亿年前生命诞生以来，直到25亿年后食草的后生动物入侵之前，海底一直都是它们的天堂）。这里曾是一个丰富多彩的微观世界，充满了战斗、条约和联盟，也充满了背叛。所有这一切都是通过群体感应来介导的（可能还有其他手段，只是我们这些庞大而笨重的两脚兽还没有足够的智慧去发现）。就像我们现在通过电子

---

① 此处对微生物的表述不准确，微生物是一切肉眼看不见或看不清楚的微小生物的统称，包括细菌、病毒、古菌、原生动物等。——编者注

邮件和手机来处理事务一样，不同的微生物群也在地球各处的战场上为争夺统治权而斗争。

丰富的微生物带来的一种推测就是，鹅卵石的有机层状结构中，一些（乃至很多）碳化缕状物可能是微生物群落的遗迹。这又一次证明，我们对过去的了解多有不足，尤其是关于微生物这一如今仍至关重要的部分，有太多未知等待我们去探索了。

古老的冰层

富含有机质的层状泥岩是志留纪地层中非常有代表性的主要组成部分，在我们的鹅卵石中也得到了很好的体现。但是，如果再多观察一下威尔士悬崖的地层剖面，或是拾起另外一枚鹅卵石，你可能会发现地层中也有与它们完全不同的岩石。这种另类的岩石不像浊积泥岩那样，在光滑厚层之间具有细密的深色条纹；相反，它的颜色非常浅，看起来并不显眼，只有被沾湿的时候，会显现出一些细小的深色条纹和斑点（插页图 2B 所示）。

仔细观察这些条纹和斑点，把这些二维的图案还原成三维的图案，你会发现它们像是某种动物打出来的地洞。具体是什么生物，我们还不得而知，但目前较为普遍的解释是某种蠕虫。这清晰地表明，在志留纪，海底并不总是缺氧，而是在缺氧状态和富氧状态之间交替。有氧状态下，穴居动物能在海底活动，证据就是它们对沉积层造成的破坏。

穴居动物不仅存在，数量还很多，因为原本深色的岩层已经几乎看不到了，而这些岩层的颜色之所以非常浅，是因为其中的大部分有机物已被"燃烧"过——被这些适应氧气的海底生物（包括不同的好氧微生物群）用作了能量来源。

因此，我们这枚带有薄薄的深色岩层的鹅卵石，只代表了志留纪两种截然不同的海洋状态的其中一种。随着地质年代的推移，这两种状态会交替出现，每种都可能持续数百万年（例如，在志留纪最初的500万年左右，威尔士海几乎一直处于缺氧状态）。有时，含氧状态和缺氧状态也会每隔几千年或几万年就相互转换一次。这种规律在岩层中留下了深深的烙印，成为划分威尔士地层的基本方法。

那么，这一现象的原因和意义又是什么呢？为什么海洋会从氧气充足、多细胞动物广泛分布的状态，变成生命的禁区，只余缺氧微生物存在的状态呢？在这里，我们将面对这一谜题，思考那遥远已逝世界的运行机制。需要注意的是，哪怕我们已能持续监测、采样、分析如今的海洋、陆地和大气层，我们也只是部分了解了现代世界的运行机制。比如，全球变暖的一些表现，如极地冰雪消融等，其目前的发展速度已经远远超过了最新计算机模型的预测。尽管如此，通过来自志留纪的零散信息，我们还是可以识别出其中一些有趣的模式，并做出一些谨慎的基本推论。

例如，实际上只有两种因素会导致海洋缺氧。第一，如果有机物过量产生，其被氧化时就会耗尽水中所有的溶解氧。举个例子，当人们在农田里施放了过多的农用化肥时，流入河流和湖泊的化肥就会刺激大量藻类在水中生长，而当这些藻类死亡和腐烂时，分解过程将耗尽氧气，让河流和湖泊变成一潭死水，鱼类也会在这个过程中死亡。这也是当今水体普遍存在的一个问题。第二，海水的营养水平不变，但氧气供应被切断了，也会导致缺氧。黑海实际上就是如此，它上层的含氧海水含盐量较低，就像是一个低密度的"盖子"一样，阻止了水体的循环，使氧气无法进入深层水域。这两种因素不是互斥的，二者可能会互相结合，共同导致海洋缺氧。在威尔士的志留纪海洋中，哪一种因素是主导因素呢？关于这个问题，现在给出定论还为时尚早。地质学是一门年轻的科学，它承载了太久远的历史和太丰富的细节。

但这里要提一个有趣的联系：海洋处于缺氧状态的时期大致与海平面较高的时期相吻合，而处于富氧状态的时期则与海平面较低的时期对得上。这一点可以通过在全国范围内追踪地层，并将某处深水含氧状态的变化与另一处古海岸线位置的变化等情况协调起来证实。协调不同地点、不同日期发生的各种事件是一份极为艰苦的工作，它依赖于有条不紊的实地考察，以及根据化石含量对地层进行的精确定年。不过，现在已经有足够的数据将深水缺氧和海平面上升的现象联系起来。海平面上升和下降了多少？对年代如此久远的岩石来说，这是一个更加棘手的问题，但几十米是一个合理的估计值。

改变极地地区的冰量是快速大幅升高或降低海平面的最有效方法。随着地球变冷、冰盖扩大和冰川前移，海水从海洋中被抽走。然后，由于地球变暖，冰川融化，水又回到海洋中。这就是我们目前正在经历的第四纪冰期和间冰期所发生的情况（不过这种情况可能不会持续太久，毕竟人类正在大规模地改变地球的气候控制系统）。类似的过程似乎也发生在志留纪早期，以及志留纪前的奥陶纪末期。我们知道，奥陶纪末期曾发生过一次短暂而剧烈的冰川作用，使海洋生物遭到严重破坏，南美洲和非洲南部的冰层不断生长，然后逐渐消融，这两个地区当时连接在一起，一直到南极。

这还不是全部的情况。越来越多的证据表明，在奥陶纪气候大事件前后的大约 1 000 万年里，冰川也在以相对温和的速度不断消融和生长，发生周期性变化。根据我们目前的了解，这可能也推动了全球海平面的升降，并导致了地球大部分深海的缺氧（以及我们鹅卵石上那些深色的条纹）及随后氧气水平的恢复。

这些证据与推论是否有助于我们判断，是两种因素中的哪一种导致了海洋缺氧——过度施肥还是切断氧气供应？也许会有一定的帮助。目前海底氧气充足（不过，这对那些微生物垫来说，就不那么友好了），原因之一是两极地区有活跃的洋流系统在分配氧气。在两极地区，每年冬季会形成海冰，由于海冰不含盐，余下未结冰的表层海水会变得又冷又咸。因此，密度大的表层海水就会带着溶解后的氧气沉入海底，成为世界洋流系统的

"马达"与"点火器"。

气候温暖时,海平面较高、冰盖较小,极地"马达"将会减弱,进而减缓洋流,最终降低向深海供应氧气的速度;相反,当冰盖增大时,极地"马达"则会更强劲,让氧气重新涌入深海。至少就目前来说,这种理论在某种程度上是可信的。不过,它也没有排除基于营养供应的供氧模型,尤其在人们对控制志留纪海洋营养水平的因素知之甚少的情况下。复原这个遥远世界的真正运作机制是个漫长无涯的过程,这些努力只能算作一个开端。

再向前迈一步,我们还可以提出一个更大胆的观点:或许这枚鹅卵石不仅仅代表着特定的海洋与气候状态,同时也代表着地球需要稳定气候、防止自身过热的机制。这一观点的依据很简单:鹅卵石中的深色层状结构反映了碳的浓度,这些碳被埋藏在缺氧海洋的泥质地层中,因此无法以二氧化碳的形式释放到海水或是大气中。随着越来越多的碳被掩埋,大气中的二氧化碳含量将开始下降,大气温度也将随之下降。这似乎也是有道理的,因为富碳的缺氧地层可以形成数米厚的单元,覆盖数千平方千米的区域,这样一来,最终涉及的碳量可能多达数十亿吨。如果人类文明真能贯彻哪怕是一部分的碳固存计划,全球变暖问题就会真正得到缓解了吧。

随着二氧化碳含量下降,全球降温,极地地区开始结冰,海平面下降,洋流变得更加活跃。这又将使海洋进入含氧状态,之前被掩埋的碳(无数死去的浮游生物)将被消耗、呼吸、氧化而回到海洋中，并最终以二氧化碳的形式重新进入大气。如此持续下去，大气中的二氧化碳含量将开始回升，直到地球变暖到足以让冰盖融化，海平面回升。

这个假说很棒，它说明了地球维持气候平衡所采用的对称方式。你可以称之为曾经的"行星恒温器"，鹅卵石就是其中的一小部分。或者，用更专业的术语讲，这是一种负反馈机制，是防止温室或者冰川失控的一种手段。这听起来很有道理，尤其是在当时的地球上，陆地植被和富含腐殖质的陆地土壤尚未形成，因此地球上的气候很可能由海洋说了算。但这是真的吗？或者说，在我们如今还浑然不知（也许无知是好事，但作为科学家，这也很让人焦躁）的一系列复杂的相互竞争的因素中，这个因素真实到足以产生重大影响吗？就像科学中其他看似不错的假设一样，它需要接受测试，可能还需要被破坏，我们需要穿上长筒靴，去野外收集更多的数据。最终，这个很好的假设要么将得到支持，甚至得到巩固；要么需要修改（也许被改得面目全非），或者被简单地丢弃。这就是科学的好处：一切都会水落石出。

回到过去

关于鹅卵石的这段经历还有个尾声，虽然并不是很令人振奋。鹅卵石形成的世界，是一个没有多细胞生物、没有各种海洋爬行动物的海底世界。它对我们来说很陌生，甚至可以说是截然不同。然而，有迹象表明，在某些地方，由于人类的活动，志留纪大海的缺氧状态有一天可能会重现。这并非因为全球变暖消除了大量海冰，导致地球洋流系统变慢（至少目前并不是这个原因）。原因更为平淡无奇：我们为种植重要粮食作物而将硝酸盐与磷酸盐等化肥施用在土地上，它们不断被冲出土地，顺着河流流入海洋。化肥会刺激浮游生物和藻类大量生长，进而引发海洋缺氧，导致海底的多细胞生物大量窒息。

这些地方就叫"死亡区"。美国的切萨皮克湾就有一个，那里是萨斯奎汉纳河入海处。密西西比河口周围的墨西哥湾有一个，波罗的海也有一个。现在，这些"死亡区"的面积已达数千平方千米，但几乎没有引起居住在地面上的我们的注意。不过，你大可以想象，若是某个县城中所有比细菌大的东西都被杀死，这将引起多么可怕的骚动？目前，"死亡区"大多还是季节性的，也就是说，杀戮发生在缺氧最严重的夏季，而日益疲惫的海底生物群则试图在冬季重新定居。

我们还未走入形成鹅卵石时志留纪那常年甚至永久缺氧的海洋。但是鹅卵石也提醒着我们，地球上的海洋确实能以一种截然不同的方式存在。小小的鹅卵石中还保有消失已久的海洋生命的痕迹。海洋的状态可能会回到从前，但志留纪独有的生物已不会在人类消失后的未来再次出现了。它们虽然早已灭绝，却仍为我们证明了生命形式的多样性。是时候探索鹅卵石中古老的生物系统了。

第 6 章

观察到的幽灵

显微镜下

在地表，生命无处不在，它们生机勃勃、不可思议、坚韧且无比顽强，在任何地方都能存活下来。达尔文曾惊叹，哪怕是在人行道边一片再普通不过的灌木丛中，都有如此丰富的生命：只要铲一些土，里面的螨虫、蠕虫、跳虫与大蚊幼虫就能让动物学家忙上几个星期，其中的微生物则足够让微生物学家忙上几个月。哪怕在最炎热的沙漠、最寒冷的南极冰层，甚至在沸腾的火山口附近，都有生命的存在。生命也会在天空翱翔，不只有鸟儿和蜂类，还有孢子、花粉、空气中的细菌（它们数量庞大，以至于可以作为雨滴的凝结核，使雨下得更大）等。

生命哪怕消亡了，也会留下坚实的痕迹。并不是所有死去的生物都被分解供新一代汲取营养，也不是所有的化石都稀缺到足以在博物馆作为珍品展出，或是在拍卖会上卖出天价。那些默默逝去的生命仍以实体形式存在于我们周围。我们之所以能过上舒适的现代生活，住着集中供暖的房屋，能轻易出门旅行，有充足食物可供享用，都要感谢动植物的残骸以石油、天然气与煤炭的形式为当代文明提供动力，虽然使用它们也是有代价的。

鹅卵石中也含有少量类似煤炭的物质，这些微粒本质上是碳，它们就是深色层状结构中深色的来源。目前，碳在鹅卵石中的含量大约略多于1%，而组成鹅卵石的物质以泥沙形式沉积在志留纪的海底时，碳的含量大约接近10%。这些碳来自曾经的生物，不过究竟是什么生物呢？

想要探寻鹅卵石中的远古生命，最简单的办法在不感兴趣的旁观者看来简单粗暴。鹅卵石会在此过程中被完全破坏，不过结果确会给人带来很大启示。目前，该流程已经非常标准化：先将鹅卵石碾碎，放入氢氟酸中，氢氟酸会溶解岩石部分，只剩下耐酸的化石部分；再通过筛分、清洗等步骤，最终将化石残片放在显微镜的载玻片上。

让我们先看看最小的碎片。显微镜下会有大量形状各异的黑色碎片，其中许多看起来就像煤炭碎片，与任何生物体或组织细胞球都没有相似之处。研究这类化石材料的科学家（被称为孢粉学家）通常称其为"无定形有机物"。它们曾经是柔软的活体组织，可能是微生物垫，也可能是"海雪"的薄片，后来经过碾碎、挤压和加热，原始生物结构的痕迹已经不复存在，只剩残留的碳。虽然我们稍后将看到，压扁和加热的过程也颇有趣，但它抹去了生命的大部分细节。

不过，在这些模糊不清的碎片中，有些也有着较为明显的形状。例如，有一些直径只有十分之几或百分之几毫米的黑色微小球体。其中有些比较光滑，像是发黑的台球；有的则有刺状突起，或为单个尖点，或末端分裂成股和丝缕状；有些形状近似金字塔。鹅卵石中有成千上万个这样的球体。

这类微小的球体有个名字，叫"疑源类"，虽然名字并不能促进我们对事物的理解，但这个名字本身还挺合适的，因为这些小型微体化石的来源确实令人迷惑。它们的有机壁足够坚硬，可以抵抗氢氟酸。它们可能代表了不同类型的生物，其中可能包括大型单细胞绿色浮游藻类生物。但这些疑源类微体化石并不是藻类本身的化石，而是藻类的囊孢，即某些极端情况（如食物匮乏）下藻类形成的坚硬外保护层，类似一种冬眠机制。当海藻长出这种坚硬的外衣时，它们就会沉入海底，等待条件好转。如果好日子又一次到来，它们就会从囊孢中钻出来，回到阳光下。

如今，这些疑源类的后代（至少是其中一部分）可能是被称为甲藻的可移动海洋藻类。这些藻类也会长出囊孢，其设计相当复杂，包括一个精心设计的逃生舱。有些藻类（比如有害费氏藻）相当臭名昭著，因为它们能够大量繁殖，产生赤潮，这对鱼类及人类都是有毒且致命的。赤潮过后，甲藻似乎会产生大量的囊孢，因此鹅卵石中的疑源类微体化石很可能来自志留纪类似赤潮的现象，也许也是有毒的。化学战是解决物种间争端的一种简

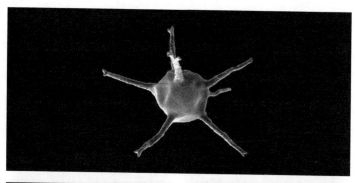

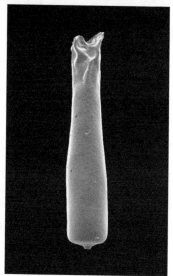

图3　鹅卵石中可能发现的志留纪微化石：疑源类（上）和两种几丁石
（下）

单而有效的手段，它在地球上可能有着非常悠久的历史。

　　我大胆猜测，鹅卵石中的疑源类应该含有一些叫作莫耶利
亚（Moyeria）的标本，其形状有点儿像一个泄了气的小橄榄球。
人们认为莫耶利亚生活在淡水中，但它很容易被河流冲离陆地，

并被那些有力的浊流带到更远的海域。它可能是今天在池塘和溪流中大量存在的原生动物眼虫在志留纪的近亲。眼虫是学校生物课里的中坚力量，几乎与变形虫一样重要。它既不完全是植物（它会捕食、杀死并吃掉其他微生物），也不完全是动物（它有叶绿素，能进行光合作用）。它在恶劣的环境中还会形成囊孢。可以想象，它一旦成比例地长大，简直就是好莱坞恐怖怪兽电影中的主角。加拿大不列颠哥伦比亚省的海洋奇观实验室的研究表明，某些形态的眼虫会向着光线移动，这部分眼虫的身上都有一种特殊的螺旋图案。而根据研究报告，在莫耶利亚的化石上也发现了这种螺旋状图案，这表明它也会朝向太阳游动。

经酸溶解后的鹅卵石碎片中，还有一些较大的化石。用粗些的筛子将它们分离出来后，会发现几十个甚至上百个瓶状的微小物体，每个都只有针头那么大。它们也由坚硬的有机物形成，20 世纪 30 年代发现它们的德国人（当时是东普鲁士人）阿尔弗雷德·艾泽纳克认为它们是几丁质，即组成甲壳类动物和昆虫的外骨骼的物质。艾泽纳克是一个对研究充满热情的人，两次长期的战俘生涯打断了他的研究，但并没有磨灭他的热情。

不过，几丁虫多半不是由几丁质构成的：更复杂的化学分析没有在化石中发现这种物质的踪迹。目前我们还不清楚它到底是由什么物质组成的，因为数百万年的岁月对这些复杂而脆弱的有机分子来说太残酷了（不过它们也不溶于酸）。由于没有更好的名称，人们就称之为"假几丁质"，即"看起来像几丁质，但很可能不是"。但是，与其他化石一样，形状才是关键。

几丁虫的化石基本上都呈瓶状：有的大，有的小，有的底部扁平，有的底部滚圆，有的像疑源类一样有不同排列的棘状或刺状突起。用扫描电子显微镜观察它们，会发现这些"瓶子"的表面纹理简直千姿百态，古生物学家大概要穷尽形容词才能把这些纹理描述清楚。有些英语中的形容词十分少见，用到这里可是充分发挥了作用。比如，scabrate 是"不规则的皱纹状脊纹"，vermiculate 是"蠕虫一样蜿蜒的脊纹"；foveolate 是"有蜂窝状隆起脊纹"的表面；verrucate 是"疣状的"，家里有小孩子的父母应该会很熟悉。

有很多词可以描述、分类、分析几丁虫化石，也有很多相关的数据。但就算有了这么多描述，我们还是避不开这样一个问题：几丁虫到底是或曾经是什么动物？我们该怎么解读这些微小的瓶状化石？

目前而言，这些仍是谜题，比"疑源类"的问题还要难得多。有很多人提出了不同的猜测，比如几丁虫被认为是完整的有机体，甚至是疑源类的夸张近亲，也就是原始植物。也有人认为它们是真菌，还有人认为是变形虫。从几丁虫被发现到现在，最占优势的猜想是，它们是某种更大生物的卵壳。这个猜想略有不足，比如如今并没有类似几丁虫的卵壳，但它也有一定的证据支持，尽管可能是间接证据：人们发现几丁虫时，往往会发现一串而不是一颗，甚至有时会发现螺旋状的一大串，这样的排列方式一般与产下多个卵有关。

那么，几丁虫是什么生物的卵呢？有人提到了志留纪岩层中一些常见的生物化石，比如鹦鹉螺的直壳祖先直壳鹦鹉螺，或者海星的近亲海林檎。可惜，这些想法都不太可行，虽然古生物学家有时会在与几丁虫同类型和/或同年代的岩石中发现这些生物化石，但它们与几丁虫出现的一致性不足。由于总是存在不匹配的现象，我们无法确定地认为就是某种生物（如三叶虫）产下了几丁虫，而另外一些生物（如环节动物）的化石又太少，无法与之进行直接比较。

所以，也许志留纪存在着一种神秘的生物，我们可以通过几丁虫的特征和发现地点来重构这种生物。这种动物（它不可能是植物）应当是多细胞的，长度在几毫米到几厘米之间；它应当通体柔软，除了卵之外。卵在它的体内发育，完全成形后会脱离母体。这种生物应当漂浮在海面上，或在有阳光照射的表层游动，因为几丁虫广泛地分布在志留纪的浅海地层及缺氧的深海地层中；它应当不喜欢某些东西，比如会避开珊瑚礁。目前，我们只能大致推测出这种"幽灵"生物的习性与爱好，而对它的形态、模样以及在生命树中的位置等，还没有更深的了解。

也许在志留纪地层的某处，有一块几丁虫的"罗塞塔石碑"还未重见天日。如果存在，这块"石碑"会保存着几丁虫的碳化印记以及将要孵化的卵链。会有人找到它，并意识到它的重要性（后一点很重要，也许它早就躺在了博物馆的某处，只是还没有具备专业知识的古生物学家把它认出来）。一旦成功了，古生物学家将欢呼庆祝，发布辞藻华丽的新闻稿昭告天下。化石领域的又一大谜团被解开，志留纪海洋的另一部分进入了我们的视野。彻夜狂欢的第二天，这些学者又会开始新的工作（个别人还带着些许醉意），毕竟，总有新的谜团等待着他们。

房屋建筑师

鹅卵石"动物园"中，并不只有上面提到的这些生物。还有一种浮游生物，它的历史更悠久（至少根据目前的研究成果判断是这样），形态也极具特色。而且，它与自己的现代近亲实在太接近了，简直称得上是活化石。矛盾的是，它却与几丁虫一样，浑身都是谜。事实上，它跟如今的浮游生物几乎没有相似之处。

再仔细看看这枚鹅卵石。在它细小的深色条纹中，有时会有个金色斑点，可能还夹杂着一些红褐色，直径约 1 毫米。用手持放大镜仔细观察，会发现这个斑点的周围有一圈极细的黑边，再外面是宽一些的浅色纤维状矿物。要想揭开这种深海怪物（对微型浮游生物来说，它确实很大）的面纱，这回就不能再用强酸了。虽然"怪物"不溶于酸，可一旦用酸把它从鹅卵石中分离出来，它就会碎成小块。你需要对这块石头动一次精细的"外科手术"。

你需要一根安装在针钳中的锋利的针，像握铅笔一样拿住它。普通的缝纫针有点儿太软，最好是老式留声机上的钢制唱针。你需要在双目显微镜下（手持放大镜的放大倍数已经远远不够了）完成此项工作：沉稳的双手、强大的放大倍率、良好的光线，还有耐心，缺一不可。现在，你要用一只手拿着鹅卵石，另一只手用针一块块剔除斑点周围的岩石，力道要足以压碎岩石，又不会触及斑点。实际操作起来很难，你需要集中精力，精准控制双臂肌肉，一组肌肉推动针向下，另一组负责在岩石裂成碎片的一瞬间撤回针尖。斑点周围的那圈黑边只有不及一毫米宽，而且脆弱易碎，你要小心，别让它们脱落，不然整块化石都会跟着碎掉。不过金色的部分更硬一些，它忠实地复刻出了化石的内部结构。

你继续把黑金色斑点外的岩石一片片、一粒粒地剔除干净。过了几分钟，你会发现斑点已经显现出了它的立体结构：一个伸入岩石中的、非常精致的黑色管状结构，内有坚实的金色填充物。管状结构外的浅色纤维状矿物也被剔除了，露出了下面的黑色物质（我们将在之后介绍这些矿物纤维的作用）。随着你越挖越深，你将发现管状结构变宽了，又突然变窄，然后再次慢慢变宽，又突然再次变窄。为了完成这台精细的"手术"，你的手臂一定累得发酸了。先休息一下，喝杯茶吧。

最终，如果你不断往岩石中深挖，你会从岩石中剖出一个有点儿类似细长锯片的结构，长度可能有 1 厘米甚至更长。它可能变宽，也可能变窄，可能轻轻弯曲，也可能急剧弯曲，或者呈螺旋状环绕，锯齿间的角度也可能由小变大——几何上的可能性不胜枚举。这就是笔石（见插页图 2C~F 和插页图 4）。

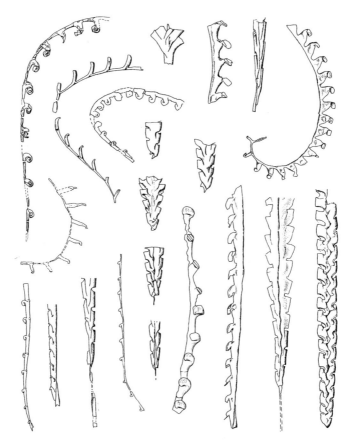

图 4　志留纪的群居浮游生物——笔石。图为放大约 6 倍的笔石化石显微描绘图像

笔石是一种外形奇特的化石，乍一看更像是某种复杂的象形文字或生长的晶体，而不是远古生物遗骸。笔石很少被媒体报道，因此人们往往知之甚少。就化石的质量和受欢迎程度而言，笔石不仅远远落后于恐龙化石，也落后于三叶虫和菊石，甚至落后于不起眼的贝壳。地质学专业的年轻学生对笔石的评价是这样的：首先，枯燥无味；其次，只需要用铅笔在岩石表面上画个点，就可以以假乱真，捉弄可怜的老师费力气去给岩石做"手术"。

然而，笔石也是生物界的一大谜题。绝大多数化石都有现存的近亲，人们可以通过研究它们的近亲，尽可能地还原它们当时的行为方式。就拿我们比较熟知的霸王龙举例：它拥有锋利的牙齿和适合快速奔跑的腿，很可能是恐龙时代的顶级掠食者，不过也有人认为它是一种高效、灵活的食腐动物。通过研究现代生态系统中类似霸王龙的存在，比如鳄鱼，我们就可以在好莱坞大片或电视纪录片里合理地模拟出霸王龙以及它们的行为。笔石也有位现存的近亲，不过通过研究这位近亲，所得出的关于笔石的推论令学界大吃一惊，有些科学家几乎难以置信。

先说重要的。刚刚挖出的东西本质上是一根黑色的管子，当中装满了金色的物质（我们也会详细讲述金色物质的来历）。这根管子并不是光溜溜地延伸下去，而是每隔一毫米就有规律地向外长出一节分支，即刚刚所说的锯片状化石上的锯齿。与保存完好的疑源类微体化石、几丁石一样，这个管状结构也由一种坚韧的有机物形成。虽然如今因碳化而变黑了，但学界认为它最初是胶原蛋白，类似于组成我们指甲的物质。整个管状结构就是一个群落，而每个分支就是其中的生物个体（或称个虫）的"住处"。这些生物个体（个虫）很有可能是由中间的共同管道连接在一起，就像一队攀登者由一根绳索相连一样。这些群落也是志留纪浮游生物的一部分，与疑源类、几丁石一样，它们死后会落到缺氧的海底，被厚重的、了无生气的黑泥掩埋。仔细观察，笔石的整体结构之复杂优美令人惊叹，可以与巴洛克艺术相媲美，而个体的设计又始终精确一致。保存完好的笔石化石显示，无论管状结构整体多么复杂，它都是由许多连环组成的，这些连环显现出笔石从生长早期至群落成熟期的整体模式。如果你运气好，用针又够小心，你甚至能通过观察鹅卵石里的笔石化石发现上述规律。

如今，海底世界四处聚集着类似尺寸的管状结构，它们也以群落的形式存在，同样由坚韧的有机物组成，每根管子也由一系列连环组成。你可以在挪威的峡湾、普利茅斯湾、（你可能会更感兴趣的）巴哈马群岛等地的海底发现它们的身影。每个分支的管道中都住着一个小生物，当它们探出头时，世人将会惊叹于这一景象的美丽。这种生物呈现为团状组织，长有一排精致的触手用于进食，即从周围的海水中过滤出微小的漂浮生物。它们叫作羽鳃类生物（pterobranch，意为"有翼的手臂"）。你没听说过也很正常，很多人都没听说过，因为它们在如今的海底真的很不起眼。由于它们的管状环形结构与笔石化石类似，它们很有可能是笔石的近亲。不过，它们通常躲在翻起的海螺下面，在海底低调地潜行，而笔石曾在深海中自由地生存着，甚至可能曾是公海统治者之一。

羽鳃类生物虽然没什么存在感，但在一个方面很出众：它们是海底的建筑师。它们的管状结构并不像软体动物的外壳、我们身体的骨骼或是珊瑚的硬质"花萼"那样是骨架，而是一种建筑，就像蜘蛛网或者白蚁窝一样，是生物行为的产物。在羽鳃类生物的触手下面靠近嘴巴的地方，有一个圆盘形的组织。每隔一段时间，它就会把圆盘拉出去，将圆盘嵌在管状结构末端，几小时后再松开。这样一来，管子就会新增加一个环，它的家也得到了扩充，变得更适宜居住了。

笔石也是这样做的吗？人们曾一度以为这种"低等"生物无法完成这样艰巨的建造任务。毕竟，羽鳃类生物虽然能建构管道，但那不过是"豆腐渣工程"，管子乱七八糟，更像一小堆缠在一起的意大利面条。相比之下，笔石的建构却十分精巧，两者之差就像精致的俄罗斯彩蛋（也称法贝热彩蛋）与小朋友随意捏的黏土模型的差别。不仅每个笔石个体的住所结构奇妙（通常都有盖子、凸缘和刺状突起），而且每间住所都与相邻的住所天衣无缝地连接在一起，堪称完美。

这怎么可能？但人们第一次使用电子显微镜分析保存得极为完好的笔石时，发现圆环上有一层覆盖物，就像房屋墙壁的砖块外抹的灰泥一样。这层覆盖物由排列不一的扁平条状硬质有机组织组成，不禁让人联想到埃及木乃伊上缠着的绷带。为何笔石能在软组织下形成这样一层内部骨架？唯一合理的解释是，个虫们一旦完成了住所基本外壳的建造，就会把自己的住所里里外外涂满灰泥，就像刮泥子一样，用自己能够分泌物质的圆盘扫过"墙壁"。不过一些科学家不赞同，又指出了笔石的另一些离奇设计，比如，有一种笔石的墙壁并不是实心的，而是网状的，它们总不能还有着高超的编织技艺吧？

不管怎么说，我认为，已经有很多证据表明，笔石就是海底的建筑师。不过，这些奇异的树枝状群落建造了自己的家园，而这个家园同时也是它们远行的船，让它们得以乘着"船"横渡大海。这样的想象仍然有些天马行空，听起来像科幻小说里才有的情节。还要注意的是，关于这些生物到底是在海中漂浮，还是利用触手同步运动来"游泳"，也尚存争议。[1]（我们对笔石具有触手的想象是基于羽鳃类生物的构造展开的，目前还未在笔石化石中发现类似的精致结构。）尽管如此，我们还是可以想象，这些笔石以疑源类为食，与神秘的几丁虫或竞争，或无视，或追逐，或躲避，同时增强自己的建筑技能。这的确是一种奇妙的生活。

能一睹这片与我们的海洋截然不同的志留纪海洋，真是太棒了。没有鱼，没有海豚和鲸，也没有鼠海豚、海豹或海象，那

---

[1] 此外，人们在争论，这些浮游生物能否通过集体挥动触手或鞭毛，把海水混合到一起。这个想法很有趣，而且根据最新的研究，或许真有些道理。

是一个由小型浮游生物组成的世界。这些浮游生物死后的残骸被装进鹅卵石中，许多科学家经历多年艰苦工作才还原出它们当时的生活。我们之所以耗费如此多的精力来探索这些曾经的生物，并不是单纯出于好奇，也有一些别的目的。有一个实用主义的原因：鹅卵石中这成千上万的残骸不仅记录了生物学和生态学方面的知识，更是记录了时间本身。

捕捉时间

在这里，时间不是供哲学家和宇宙学家思考的抽象概念，而是地质学家将行星大小的一团乱七八糟的岩石转化为连贯的几何图形，再从中归纳出地球往事的工具。如果把中国 1 亿年前的湖泊、俄罗斯 2 亿年前的河流地层和德国 3 亿年前的三角洲沉积化石放在一起，要据此重建远古地貌，这是行不通的。要制作一张古代地球的快照，我们需要确保整张照片的不同部分尽可能处于相同的地质年代。而化石仍是通向深时的最佳向导，因为地球上曾经存在过的每一个生物物种或群体都有一个起源时间、一段存在时间和一个灭绝时间。它们停在时间里，没有再回来。

当时间单位非常大时，分割时间就很容易。比如，英国境内的浮游生物笔石只出现在奥陶纪或志留纪的岩石中，也就是距今约 5 亿至 4 亿年的地层中。只要找到一块笔石碎片（即使是地质学一年级的学生也能够辨认出来），它就一定来自那个年代。

不过要想在大的时间单位范围内再做细分，我们就要知道不同种类的笔石分别生存在哪些不同年代。因此，我们要学会识别这些不同的物种，知道它们分别在什么年代生活，又在什么年代走向灭绝。

　　一个多世纪前，沃尔特·司各特爵士无意间（事实上是在他死后）让笔石一举成为地质年代的超级明星。这位极为多产的作家是查尔斯·拉普沃思（Charles Lapworth）的最爱。拉普沃思是英国巴克斯郡法灵登镇一个爱读书的孩子，后来成了一名教师，并选择在苏格兰南部的加拉希尔斯工作，因为那里是司各特小说中的乡村。拉普沃思秉持司各特所著历史小说《艾凡赫》的精神，找了一位当地姑娘结婚。同时，他也投入了另一段"爱情"，并与之相伴终生：在苏格兰南部高地的山上散步时，他注意到了薄泥岩层上那些类似象形文字的笔石化石。这本身已是个伟大发现，因为南部高地绝大部分（甚至超过99%）都由粗砂岩组成，化石极其贫乏。

　　拉普沃思对这些化石产生了兴趣。我很好奇他最初的动机。他知不知道，南部高地在那时候的地质学家眼中是个让人头疼的问题？这一地区宽达50多英里，其地层似乎由一整个厚得令人难以置信的地质单元组成。地质学家也曾注意到地层中的笔石，但由于层叠的不同地层中似乎具有同样的笔石，他们便认为这些笔石与其他化石不同，似乎不会随着地质时间的推移而发生变化。笔石似乎在时间中凝固了，因此用它们来标记时间好像也没什么用。

拉普沃思更仔细地观察了这些笔石。我猜，也许起初吸引他的仅仅是这些化石的奇特和优雅。苏格兰的化石（不同于威尔士的黑金色化石）在深色岩石背景的衬托下，保持着亮丽的白色。身处沃尔特·司各特笔下描绘的风景中，拉普沃思又怎么能抗拒这些化石所散发出的凯尔特的神秘气息呢？很快，他制订了一个探险计划，他的探险最终将足足覆盖 300 平方英里的土地。

在这片广袤的土地上，拉普沃思寻找并仔细分析了零星分布在砂岩之海中的黑色页岩层。他发现，任何一个泥岩单元内部的笔石都不尽相同，每隔一两米就会从一组物种（他也是第一个认识到这些物种并为其命名的人）变为另一组物种。他总共辨认出了 10 个不同的类别。其中一些形状笔直，两侧有锯齿状突起；另一些包括独特的 V 形和 Y 形构造；还有一些形状弯曲，就像华丽的鱼钩。因此，笔石并非凝固在时间中，而是随着时间的推移而变化，而且变化得很快。

在几英里之外，一望无际的砂岩中又出现了另一段黑色页岩，在更远的地方还有另一段。拉普沃思观察到，这些页岩层中也有着同样的连续笔石组合。难道这些化石会以同样的顺序，一次又一次地出现在古老的苏格兰海域，就像"土拨鼠之日"①一样？在波希米亚独立发现了笔石的法国科学家若阿基姆·巴朗德

① 这个典故来自电影《土拨鼠之日》，片中主角每天早晨醒来都是相同的一天——2 月 2 日（北美地区的传统节日"土拨鼠之日"），不断重复。——编者注

（Joachim Barrande）持有这样的观点。而拉普沃思不同意这种观点，他认为是带有笔石的地层在巨大的地壳运动中被反复折叠了很多次，因此该页岩层以及其中那些快速演化的笔石群才会反复出现在地表。事实证明，拉普沃思是对的。他一举解开了南部高地之谜，将那里的地层缩减到更恰当的厚度，并将笔石确立为极具价值的时间标志。

从那以后，笔石一直作为生物计时器，帮助地质学家揭示山脉的复杂历史，以及消失的海洋和变幻莫测的古代气候系统。拉普沃思对连续的笔石组合（化石带）的观察也得到了更详细的阐述。如今，笔石的种类已从 10 个增加到了 60 多个，平均每种笔石的年代跨度不到 100 万年。在回顾 5 亿年前的世界时，这一结果已经相当精确了。

在拉普沃思所处的时代，人们发现的笔石种类寥寥，而目前全世界已发现了数千种笔石（据最新统计，仅英国就有 697 种）。发现的物种越多，对其生物特征越了解，也就越能准确地估计时间。当然，我们还需要准确了解每个物种何时起源、何时灭绝，所以我们必须系统地研究岩石的更替，逐层记录每个物种在地层中的出现或消失，再写下厚厚的专著，细致地画出范围图，以此向古生物学家提供参考标准。当有人做了一上午的"针线活儿"，终于从鹅卵石中精心挖掘出笔石化石，想要确定它的年代时，这些知识就会派上用场。

如果运气好，单凭这块笔石化石就足以确定鹅卵石的年龄，精度在一个笔石带（100万年）以内。有些种类的笔石独特、多产又寿命短暂，在短短的几十万年里昙花一现（悲观点儿说，也许人类也会如此），这对我们确定年龄很有利；有些种类可能寿命更长，分布在3个化石带里，不过这也总比那些跨越6个化石带的笔石种类更容易确定年代。也有可能，在做完了所有的工作之后，你还是没能获得一个完整的笔石标本，而只是获得了一块碎片，无法辨认关键部分，它可能属于十几种笔石之一。若真是这样，可能你就得去鹅卵石的另一面碰碰运气了，也许那儿还有另外一个黑金色的斑点，再多花两个小时，可能会有更好的发现。再或者，你也可以找来专门研究疑源类微体化石和几丁虫的同事，让他们带着强酸、细筛子和他们自己的一大摞专著开始工作。

通过观察鹅卵石上的"动物园"，我们将逐步破译这块鹅卵石的时间密码。途中可能会有一些小插曲（例如，疑源类微体化石非常坚硬，它们可能会从一块岩石上被侵蚀，然后出现在另一块岩石中，这样它的时间标记肯定就不准确了），不过总体来说，我们可以通过这些化石回顾对应的生物在不断演化过程中的确切时间节点。这真是太神奇了！不过，我们也要知道，这些化石并不是那个时代生命的全部，只是一阵遥远回声，它们的周围还有大量其他生命存在过。我们要意识到这些丰富生命的存在，找到解开谜题的方法，慢慢破译逝去生命的奥秘。

插页图 1　A：威尔士板岩，带有抗性更强的砂岩地层脉纹，周围是被海水冲刷后形成的鹅卵石。摄于威尔士克拉拉奇湾

插页图 1　B：砂岩层底部显示出槽模，即浊流中的涡流形成的被沉积物填充的侵蚀冲刷痕迹

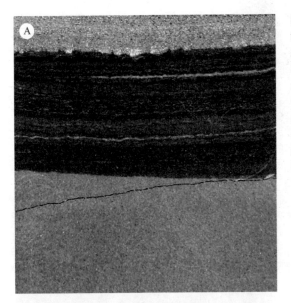

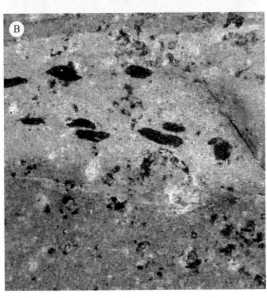

插页图2　A和B是志留纪海底的两种主要类型。
A中，夹在同质的快速沉积的灰色浊积泥岩之间的是富含有机质的深色薄层状泥岩，沉积在无氧海床上。
B中带有明显暗色洞穴的浅色泥岩层，代表着有氧海床，上面有蠕虫和其他多细胞生物

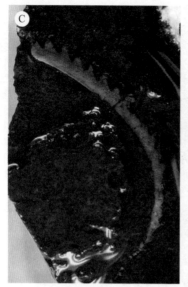

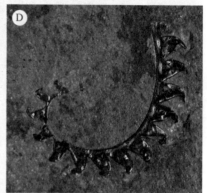

插页图2　C~F为各种笔石化石，保存在闪亮的黑碳、淡金色黄铁矿和橙色至棕色氧化铁的不同组合中。F中笔石化石周围明显的苍白色斑块是化石周围的泥岩发生化学变化造成的

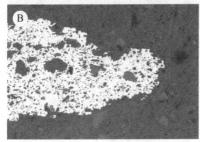

插页图 3　A~C 为独居石结核。

威尔士板岩薄片的光学显微镜视图（A），显示了独居石在深色层理中形成的三个黑色椭圆形斑块。更详细的视图（B~C）是用扫描电子显微镜拍摄的，独居石在其中之所以如此明亮，是因为其致密的原子结构比周围岩石反射了更多的电子

插页图 3 威尔士泥岩（D）中的褶皱和泥岩（E）中因巨大压力而产生的构造劈理。劈理是近乎竖直的结构，横切近乎水平的较暗沉积层

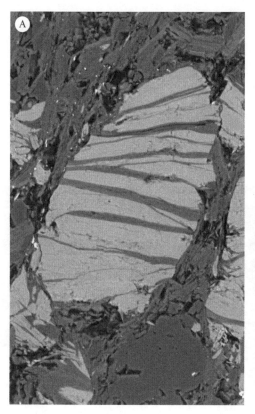

插页图4 A为通过扫描电子显微镜观察到的构造增厚的桶状云母（直径不到1毫米）。

B为一块火柴棒大小的笔石，周围环绕着纤维状云母（被氧化铁染成橙色）"光晕"，这是造山过程中在这些化石周围形成的

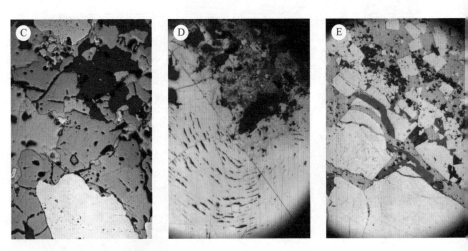

插页图 4　C~E 为使用反射光显微镜观察金属矿石（黄铁矿、黄铜矿、方铅矿）的抛光表面（图片由蒂姆·科尔曼拍摄）

第 7 章

缺席的幽灵

柔软机器

有本改变了我对世界的看法的书叫《广海（第一卷）》（*The Open Sea, Part 1*），作者是海洋生物学家阿利斯特·哈代（Alister Hardy）爵士。哈代爵士本想写一本关于海洋的书，但在写作过程中发现单是浮游生物就有太多可以写了。写着写着，他就完成了一整本关于浮游生物的书（而不得不将其余关于海洋的内容写成了另一本书）。这本书至今已有超过半个世纪的历史，但哈代爵士生动的文字与书中的黑白照片、线描图画，仍能随时带领读者走入那隐秘的海洋世界。

作为一名古生物学家，我觉得这本书太有吸引力了。我知道在地层中，人们通常只能找到较为坚硬的生物部件形成的遗迹，比如骨骼、牙齿、贝壳等，还有疑源类微体化石、几丁虫、笔石等生物的有机硬壳。我知道与这些生物处于同时代的还有其他软体生物，可遗憾的是，这些软体生物很难被地质学家的"雷达"捕捉到。因此，这本书里揭示的海洋之丰富多彩无疑令我神往。在这些生命中，有一部分遗迹就藏在鹅卵石中深色的、形状不定的碳元素中，或是蕴含在石头本身的一些微弱的化学信号里。人们开始从不起眼处着手，解开志留纪海洋的秘密，那些碎片式的、模糊的、诱人的发现，将可能有着意想不到的用途。

如果我们如同海洋科学家哈代所做的工作一样，将一张细网拴在船尾拖行几分钟，再在收网后用显微镜观察其中内容，我们便能看到当今海洋的一角，而这一角已足够揭示其近乎无穷的物种多样性。这里会有微小的植物，它们是海洋食物链的基础，比如：硅藻，一种单细胞藻类，它的二氧化硅结构看起来就像一个小巧华丽的帽盒；颗石藻，一种更小的藻类，它奇特的碳酸钙结构由盾牌状圆盘堆叠而成；还有甲藻等。它们如今到处繁盛生长，但在志留纪还没有出现，所以在志留纪应有其他生物扮演了与它们相近的角色，我们推测其中有疑源类微体化石，以及其他不知名的绿藻。

网中最引人注目的无疑还是那些微小的动物。其中包括单细胞生物，如放射虫，它有着与变形虫相似的特征，会分泌形成复杂的二氧化硅外骨骼结构。事实上，我们知道，这种生物可以追溯到志留纪，甚至更早的时期。在诸如石灰岩、燧石（由深海淤积的硅泥形成）的岩石中，就可以发现它们的踪迹。我们推测，鹅卵石中也可能存在类似的生物遗迹；然而，我们目前还无法将它们从鹅卵石中分离出来，因为用弱酸能将这些生物从石灰岩中分离出来，但对鹅卵石无效，而若用强酸，鹅卵石和放射虫将一并溶解。因此，我们期待着未来能有研究者开发出一种巧妙的技术，使它们得以显现，从而揭示志留纪海洋的更多奥秘。

还有一些远古生物死亡腐烂后，其碳原子重新组合成为其他生物（如几丁虫和笔石等）的组织，最终成为"海雪"，落在海底。历经漫长岁月后，它们彻底转化为微生物垫，回归成碳元素。其中包含哪些曾经的生物呢？哈代的书中展示了一系列微小的甲壳类动物，它们虽具有外骨骼，但其外骨骼薄而脆弱，因此它们无法在海洋的"回收工厂"中留存，包括磷虾、无节幼体、桡足类动物以及底栖甲壳动物的幼体。此外，还包括那些完全胶状或半透明状的生物，如栉水母、箭虫和樽海鞘，以及相对而言体形巨大的水母，它们或许是当时那片海洋中最大的生物。还有一些水生软体动物、外壳精致的翼足目动物（比如海蝴蝶），它们大概是受人为海水酸化影响最为严重的生物了。

在生物多样性的宏大画卷中，笔石与几丁虫占据了怎样的位置？在这些生物化石中，笔石尤为醒目，以至于相关的岩层都被称为"笔石页岩相"。据复原显示，它们在遥远的地质时期，曾在广海中占据主导地位。但它们是主要的顶级掠食者，还是仅占据了掠食者的大约 1/10？又或者，它们与大型浮游生物相比如同沧海一粟，只是因为坚硬的外壳而在化石中脱颖而出，而其他当时占据更重要地位的竞争对手却因柔软的身体而被如今的我们忽略了？

我猜测，答案或许更接近后者，这主要是因为，如果笔石是海洋生态系统中初级生产者（如单细胞浮游藻类等）的主要消费者，那么它们的遗骸应当在部分深海岩石中占据主体，比如形成一种"笔石煤"（就像翼足目动物留下了"翼足类软泥"一样），但事实并非如此。这一事实或许暗示，我们对笔石死亡后的命运还一无所知。是否大部分或全部笔石在死后都沉入海底，从而得以保存？其坚硬的外壳或许起到了保护作用。如果是这样，那么保存下来的笔石化石，基本上就是存在过的全部了，也就是说，笔石只是志留纪海洋浮游生物中的少数。还是说，存在其他生物，如食腐动物，能够分解这些看似不可食用的笔石遗骸，因此仅有部分能够形成化石？那我们就会推断，当时笔石的数量要比其化石数量多得多。

这是我们试图探索过去的过程中涉及的诸多不确定因素之一。基于与现代浮游生物的比较，还有其他一些不确定因素。举例来说，现今的浮游动物并非仅仅随意地漂浮或盘旋于水面上，等待猎物的出现。即使是在哈代的时代，科学家也已知道，大多数浮游生物都会进行昼夜的竖直移动，它们会在夜间上升至表层海水中——上升高度达 100 米——又在夜间退回至较深的海域。鉴于它们身长只有几毫米，这样的旅途实在算是壮举了。它们为何要这样做？有观点认为，在白天，表层水域的光线较好，捕食者更容易发现浮游生物，因此这些浮游生物待在表层就更有风险。但是在志留纪时期，鱼类、鲸类、乌贼和枪乌贼要么尚未演化出来，要么虽已出现但仍然依赖岸边生活，尚未进入广海，浮游生物是否还有必要这样做？这一问题也尚无定论。

不过，当时的确有一些更为虎视眈眈的捕食者潜伏在浮游生物生活的海域。人们偶尔会发现，有些笔石或被整齐而小心地折叠成回形针形状，或被粗暴地揉成一团。显然，它们是被其他什么生物捕食了。但捕食它们的是谁？目前，捕食者的样貌依然只是一团模糊的影子，不过它的饮食习惯十分清晰：它好像具有"折纸"的天赋，捕食行为也干净利落；它的餐桌礼仪无懈可击，没有任何撕扯、切割或咀嚼的动作。不过，这些都无法给那些不幸的笔石带来安慰，因为它们的柔软身体多半已被全部消化掉了。

我们的鹅卵石很难恰巧记录下一整群被捕食的笔石，那太罕见了；不过可能会有零星的证据，证明志留纪的浮游生物会进行竖直移动。在现今的海洋环境中，大部分水域含氧丰富，不会阻碍浮游生物的竖直移动；但在志留纪，有些海域的氧含量较低，这可能会更加限制它们的移动，具体程度则取决于缺氧现象是从海底一直延伸到阳光照射的表层（这会压缩浮游生物的生存空间），还是主要局限于海底水域。

有种浮游生物可能会提供线索，帮助确定上述两种猜想中哪种正确。如今，有一种绿细菌，即能进行光合作用的细菌，必须生活在缺氧的水域。它是一种硫代谢细菌，不能耐受自由氧

（严格来说，它的学名是专性厌氧菌）。它会产生一种独特的化学物质：异海绵烷（isorenieratane）。这是一种复杂的长链有机化合物，通过极其精细的化学分析，从几亿年前的石头中被提取出来，仍有着惊人的活性。目前，我们尚未在威尔士的鹅卵石地层中发现它，不过这可能只是时间问题，因为在北非的一些志留纪早期地层中，我们已经发现了它的踪迹，这表明至少在那里，缺氧现象从海底一直向上延伸，直到非常接近海面的水域。

也许这种条件严酷的水域对笔石来说是件好事。作为一种复杂古怪的生物，它们在正常的海水中可能会过得很艰难，因为在那里，身体结构更简单却更易移动的甲壳类、箭虫类和水母之类的生物（对我们来说微小不可见）可能会彻底击败它们。在对应着浅海、近岸海域的地层中，笔石化石并不多见，所以学界曾认为，笔石适应了深海的缺氧条件，而其他浮游生物很难涉足深海。当然，深海不可能完全无氧，因此，笔石群可能不得不在濒临窒息和食物供应之间找个平衡。在浮游生物笔石的历史中，繁荣与萧条并存（萧条期往往与海洋中氧含量上升的时期相吻合），它们就像是走在生态系统的钢丝绳上。在泥盆纪中期，也就是在鹅卵石岩层沉积了大约 5 000 万年之后，它们最终从钢丝绳上跌下，至此灭绝。

对现代浮游生物的研究还揭示了其他潜在的东西。比如，笔石群落和几丁虫是不是"绿"的？也就是说，它们能够进行光合作用吗？诸多现代海洋生物展现出动物与植物的双重特性，因为其体内含有单细胞绿藻。绿藻在海洋生物体内寻求庇护，并利用动物的排泄物作为养分来源。同时，动物也受益于藻类供应的氧气，并分享藻类合成的碳水化合物。底栖珊瑚礁中的珊瑚也参与了这种生物间的共生关系。这种共生关系对它们至关重要，而一旦环境条件对藻类不利，如水温过高，共生关系就将破裂，珊瑚将出现白化现象（失去色素），然后通常就会死亡。

目前尚无法判断，笔石及志留纪的其他浮游生物与藻类之间是否存在共生关系。不过，这并不意味着该问题难以解决。它并非如一位善于言辞的政治家所言，是不可知的未知。现今，藻类对宿主动物的影响极大（通常为正面影响），因此，我们或许可以从保存完好的笔石的化学/分子结构中寻找线索。或许，我们也可以在笔石的生长模型中寻找线索（尽管这更难一些），尤其是关注其如何大量投入资源构建庞大、坚固且高能耗的生活空间。共生藻类是否为此提供了帮助？目前，这一设想仅停留在猜测阶段（有人或许会认为它很离谱），还不值得为此付出多大的精力。然而，若能找到支持或反驳这一观点的证据，它将转化为科学理论，而寻找证据正是研究过程中令人既兴奋又沮丧的部分。

笔石和几丁虫或许并不"绿"，但它们一定会不时地生病，甚至会受到大流行病的侵袭（就像今天的许多两栖动物物种正在成为真菌感染的受害者一样，原因尚不清楚，但很可能是气候变暖和工业污染等因素加剧了感染）。这种情况通常很难通过化石记录来判断，毕竟许多感染都不会留下痕迹，不过我们或许可以通过观察寄生虫的痕迹来间接了解疾病状况。例如，一些笔石身上有大型"水疱"，很明显是寄生虫附着在笔石身上的位置。笔石的软体部分会尽力往这些寄生虫上涂抹"灰泥"，包裹住它们。这样的反击有一定效果（毕竟被感染的笔石继续生存下去了），但效果有限。寄生虫的感染还会让笔石建造的结构产生明显的歪斜，这也可以理解，就像一个小偷从背后偷袭你，用棍棒打你的头，又勒索你的银行卡，此时你一定很难专注完成之前的任务。

不管这些局部的小病在浮游生物的一生中究竟扮演了什么样的角色，令人震惊的是，直到最近几年，科学家才发现现代海洋中的细菌和病毒有多么丰富。从前，我们只能通过在培养皿中培养并进行显微镜检查来发现微生物，以此分离并命名了大约数千种微生物；然而，随着自动基因测序技术的突破性发展，我们从几升普通海水中就发现了数百万种细菌。这些成果极大地改变了我们对海洋微生物多样性的认知乃至理解。细菌的种类仿佛无穷无尽，而在海洋中，每种微生物都大概对应着 10 种病毒——它们持续捕食这些微生物及其他生物。这些生物体共同掌控着海洋的生物和化学过程，不过细节尚未可知。

可以肯定的是，在管理鹅卵石中物质所在的海洋生态系统方面，它们发挥着关键作用，但要获得确定的科学证据，可能又要等上（至少）几十年了。科学是探索可能性的艺术，就让我们尽可能地去探寻志留纪那宏大又朦胧的生命演化史吧。

化学信息

在古威尔士的海底世界里,后来成了我们这块几平方厘米大的鹅卵石的区域中,存活生物体的总数是多少?这个问题太大、太抽象了。不过,我们还是能找到一些潜在的线索,它们甚至来自组成鹅卵石的物质本身。这些线索的含义还较为模糊,但在技术上很容易获得,因此全球各地的科学家正积极收集与研究这些线索,期望揭示志留纪世界的另一面,比如鹅卵石中富含碳的深色部分的性质。这就是科学作为探索可能性的艺术在发挥作用。

碳有两种主要的稳定形式,一种是较轻的同位素碳-12,其原子核中有6个中子和6个质子;另一种是较重的同位素碳-13,其原子核中有7个中子和6个质子。这两种同位素化学性质相同,但由于质量不同,常常能通过化学或生物反应被分离开。例如,能够进行光合作用的浮游生物会同时吸收这两种同位素,但明显更偏爱碳-12,因此它们在构建自己的身体时会优先吸收较轻的碳-12,而在周围环境中留下更多较重的碳-13。

每当海洋环境变得恶劣,大量浮游生物就会死亡,并带着更多的碳-12落到海底,被沉积物掩埋,那么海水中的碳-13含量会更高。而新一代的浮游生物虽然仍偏爱碳-12,但由于整体环境中的碳-12较少,它们吸收的碳-13无论如何也会多于上一代浮游生物。因此,当这些浮游生物也沉入海底时,这一新沉积层中的碳-12浓度将高于海水中的浓度，而低于旧沉积层中的浓度。

这是一场全球范围内的原子大重组。当生命经过长时间的繁衍并最终被掩埋时，全球碳同位素平衡将发生显著变化。我们现在可以将先进的原子计数器作为一种常规仪器，来精确地检测这种变化。仅需几克含碳泥岩样本，也就是一小部分鹅卵石，就足够进行一次分析。鹅卵石要被碾碎、急速加热，形成等离子体。等离子体中的离子在磁场的作用下沿着特定的轨道旋转。较轻的离子在磁场中的偏转较小，较重的离子偏转较大，因此它们会被分离，然后撞击精心设计的探测器。探测器能够精确记下每种类型离子的撞击次数，从而揭示碳同位素平衡的变化。

这样，我们就得到了鹅卵石样本中碳-12和碳-13的精确比例。至于这些数字有何意义，就需要我们进一步思考了。这个数字的实际价值取决于其周围环境，即与上下邻近地层中的碳同位素的比率相较。因此，我们必须确定这枚鹅卵石来自威尔士地层的哪一层，也就是其形成年代。若要实现目标，需要借助疑源类微体化石、几丁虫、笔石以及碳同位素等各方面的证据，不过实验过程可能会消耗掉整块鹅卵石样本。

理想情况下，碳同位素在地层演替中的变化规律应能反映一些重大的环境事件，如生命的繁盛与凋零；世界其他地方相同年代的地层演替中也会重现这样的规律。现实情况可能并非总是如此，但人们逐渐发现，在地质历史上的某些时期，全球碳同位素的组成发生了重大变化；这些变化被称为同位素"偏移"（excursion），似乎反映了重大的环境扰动。例如，在志留纪开始之前就出现过一次这样的偏移，它与短暂而严峻的冰期有关，冰川作用摧毁了大量的海洋生物。在这一时期，世界各地地层中的碳-13含量均不断升高。这是否如上所述反映了生命的繁盛及凋零？也许并非如此，因为除了沉积，还有其他事件可能引起碳同位素比例的变化。例如，石灰岩通常比泥岩中的有机质含有更多碳-13。因此，如果有大量石灰石溶解到了全球海洋中（比如当海平面下降、珊瑚礁暴露并受到侵蚀时，就有可能出现这种情况），那么这些海洋及其下方形成的地层会含有更多的碳-13。

透过不同的碳同位素比例，我们可以模糊地看到过去世界的一些特点。这幅模糊的图景可能带来极为深刻的见解。随着越来越多的数据通过那些神奇的质谱仪被产生出来，我们也希望碳同位素含量的规律能为我们更清晰地展现关于过去的详细图景。

也许，从碳同位素（甚至鹅卵石本身的碳同位素）中，还能获得更多信息。在当今的海洋中，捕食者和猎物之间的碳同位素比例存在差异。有句话叫"人如其食——再加上千分之一"。这句话的意思是，你吃的食物在你体内残留的碳-13同位素含量比食物本身的碳-13含量更高，大约多千分之一。也许笔石捕食疑源类微体化石时，也会发生元素的富集。得益于原子计数技术的不断进步，如今我们能够更为高效、经济地分析微量的材料。因此，从岩石中提取微小化石碎片并进行深入分析已成为现实，敬请期待吧。

在现代海洋中，浅水区和深水区的碳同位素比例也存在差异。如果志留纪的海洋同样如此，我们是否可以从这些差异入手开展研究？如今，笔石生态学领域一个存在已久的问题就是，不同类型的笔石是否生活在不同的深度，比如有些可能生活在海洋的最表面，而有些则生活在更深的地方。长期以来，人们一直猜测有这种可能性，因为有些笔石非常坚固（也许这是为了抵御猛烈的海浪），而另一些笔石则更加纤细精致。问题是，一旦笔石死亡后落到海底，我们就很难推测它原本生活在多深的海域了。如果能证明不同类型的笔石含有不同比例的碳同位素，是不是就可以揭开这个谜团？也许吧。地质学中的同位素可能为我们带来关于过去的奇妙图景，但这些图景也有可能如海市蜃楼般虚幻，我们需要谨慎对待。诀窍在于，提出正确的问题，通过适当的分析来解决问题，并以适当的怀疑态度来看待所得到的答案。我们正在进行这样的工作。

话说回来，鹅卵石中的生物化石，不管我们现在是否可以辨认出来，可能都带有一些信息。这得益于它们与一些极为稀有的元素的密切关系，我们也许可以用它们测定地质年代，精确到年。在测定时间方面，化石表现突出，几乎可以说是不可或缺，不过它们显示的是相对时间。人们可以分辨出一块含化石的石头是比另一块含化石的石头更古老还是更年轻，还是正好同龄，而且这样得出的答案往往非常精确。不过，我们也在第 3 章中提到过，以年为单位来表示时间主要是原子钟和含放射性元素矿物的工作，这些放射性活泼元素会以确定的速度衰变成其他元素。因此，要确定威尔士泥岩地层的年代，我们需要看看其中是否有含有可以测定精确时间的锆石晶体等的火山灰层。可惜，这种地层在威尔士志留纪一般很少见，鹅卵石中也很难存在这种地层，因为火山灰层非常薄弱，岩石很容易沿着它们裂开。

还有另一种更为奇特的元素可以利用。这种元素就是铼，它比金稀有得多，平均含量以十亿分之一计。不过，它有两个特点使之能够成为精密时计，成为沉积岩测年的新宠：首先，它具有放射性，会失去一个电子而衰变成同样稀有的锇（锇的密度是已知金属中最大的，达到了惊人的 22.6 克每立方厘米）；其次，它与锇一样，对铁、硫和有机物具有亲和力。因此，黑色页岩（等同于石油）中存在足够数量的铼和锇，使得我们能够对其进行详细分析，并据此推断出相应的年代。

然而，这一过程相当漫长、复杂且成本高昂，通常需要专业的知识和技能，并非每个人都能胜任。此外，为了确保结果的准确性，我们需要进行多次分析，而不是仅进行一次。这是因为年代的确定依赖于"等时线"，即多次分析中铼/锇的比率需要保持一致。因此，这个过程虽然复杂，但它具备一种内置的可靠性检查机制。在这个过程中，可怜的鹅卵石又要被牺牲了，我们要把它切成几块，每块单独进行分析（这个样本量刚刚足够）。我们需要对样本进行仔细的处理，分离出微量的这两种元素，并在质谱仪上进行测量。

在不用寻找火山灰层的情况下获取可靠的放射性测定日期，无疑让地质学家如获至宝。铼-锇测年法展现出了巨大的潜力：它似乎行得通，而且目前测定结果与其他方法较为一致，尽管其精度尚不及神奇的锆石地质测年法。鉴于其高昂的成本和烦琐的流程，目前该方法尚未成为常规技术。不过，在未来几年内，铼-锇测年法有望成为常规技术，为揭示地球历史图谱拓展新的可能性。

与此同时，我们这枚不起眼的鹅卵石，虽然当时还只是海底的沉积物，但已蕴含了很多有关地球的信息。在这些沉积物还没有被埋进地层深处之时，我们要先确定形成这枚鹅卵石的那一小块沉积物到底在地球的哪个角落。

第 8 章

在地球何处?

磁铁的记忆

在一定程度上，我们可以将鹅卵石视为一种新颖的计算机芯片，其光滑的表面之下，蕴含着人们难以想象的海量信息。这些信息可能与其漫长历史的任意阶段有关。它可能源于附近，例如形成其来源的沉积物的那片海底微生物垫；也可能来自远方，例如一颗微陨星落在海洋中，并最终漂流至形成鹅卵石的海域，最终鹅卵石中就有了微陨星成分。部分信息从写入鹅卵石的那一刻起，便以独特的编码形式保留原始状态至今；而另一些信息则几乎被完全覆盖，因为在之后的某个时刻，又有更多的新信息被写入了鹅卵石当中。

在鹅卵石跌宕起伏的"石生"中，有些信息很可能已经被完全覆盖了，不过这并不能阻止我们尽力恢复它们。当这些信息被写入鹅卵石时，它们会体现出某种从地球中心发出、直直穿透约 4 000 英里的坚硬岩石层的信号。这一信号推动和引导着某些沉积物排成一列落向海底，以近乎军事级别的精确度指向极地，形成了纬度记忆。这就是磁信号。

地球磁场非常神秘。什么是磁性？小时候，我经常想把两块玩具磁铁的北极合到一起，直到现在我还记得，想让它们互相挨上，哪怕只是把北极和南极分开，不让它们吸在一起，也要费好大的力气。几年后，一位物理老师在磁铁周围洒下铁屑，向我们展示铁屑如何沿着无形的磁力线排列，我在一旁看着，印象深刻，但仍然是一知半解。这些磁力线到底是什么？直到现在，我仍然无法发自内心地理解这件事，就像我也无法解释按下键盘时，电脑屏幕上为什么能显示出字母。它们就这么发生了。

古人同样为此感到困惑，他们困惑的理由更为充分。2 000多年前，中国人就发现了天然磁石（名叫磁铁矿的铁矿物）具有磁性，并将磁石制成的勺子放在光滑的板上，发明了司南（指南针）。又过了 1 000 多年，欧洲人也观察到了磁现象：他们发现磁针指向北极星——天空中唯一一颗固定的恒星，就自然地将北极星认作磁源（当时还有另外一种观点，认为地球北极有磁石堆成的磁山）。

随后，科学家发现了磁偏角，即指南针并不直接指向真正的北极极点，而是指向稍微偏离地理北极的磁北。他们还发现了磁倾角现象，即磁针在赤道处保持水平，而到达两极时则完全竖直指向极点（因此两极极点处指南针失灵）。1600 年，威廉·吉尔伯特通过实验首次揭示了这两种现象的本质。他采用球状磁石（代表地球）及在其表面的磁针进行模拟，最终得出了结论：带有磁性的不是北极星，也不是磁山，而是整个地球本身。

　　现在人们已经知道，磁场是地核熔融的产物，虽然这也是我还没有完全理解的事情之一。地核分为内核与外核，内核呈固态，而外核则是缓慢旋转的熔融铁镍层。正是地核中的电涡流，与地球绕地轴的自转相互影响，共同创造了地球的磁。更详细的研究会发现，地球磁场是动态多变的：地球自转使磁场大致呈南北方向排列，但在细节上，磁场的南、北极并不稳定，每年在地球表面移动的距离甚至超过 10 千米，这导致了磁偏角的不断变化。

　　地磁还经常整个儿翻转，南极变成北极，北极变成南极。目前，磁场每隔几十万年就会翻转一次，不过地磁有时也会历经数千万年而不变。在志留纪，磁场通常翻转得更频繁，不过中间有一段"平静期"，其间没有发生任何磁场翻转。

　　对鹅卵石来说，地磁现象的普遍意义是保证了岩石中保存的生命一开始得以存在。如果没有磁场，地球就没有屏障以阻挡太阳风的宇宙辐射，地球上可能出现的任何复杂而微妙的有机化学物质都会被太阳风击碎，大部分大气层和海洋也会被太阳风带走。金星和火星上的情况可能就是如此，这两颗行星都没有磁场。

　　更具体地说，磁场就是使某些沉积颗粒沿着磁力线排列，成为沉积物中内嵌的小磁针的现象。这些颗粒可以是任何带磁性的物质，主要是铁的氧化物，如针铁矿和磁铁矿，它们作为泥浆和细沙的一小部分，被浊流和雾状羽流带入大海中。

再次感谢人类的聪明才智，让我们可以从岩石中读取磁信号，从而探测地球物质最微妙、最难以觉察的特性。在实验室里，人们可以通过岩层中钻取的岩心，测量原始沉积物中残留的微量磁性。要想正确完成这项工作，我们需要知道岩石在地层中的位置，以便将其现在的位置与古代的位置对应起来。即使只是一枚鹅卵石，也可能提供一些信息，比如内嵌的小磁针相对于志留纪海底的角度。

因为这一角度正是关键信息——角度越大，就说明它曾经的位置越接近北极或南极，我们也就能推算出当时它所在的纬度。经度的测量则要麻烦得多。我们无法凭这项技术测量经度，即使结合其他方法，也基本上是凭经验猜测。不管怎么说，能了解纬度信息已经很好了。我们这枚鹅卵石脱胎于南纬约 35 度的海底，大约相当于今天新西兰北端或非洲南端的纬度。

自形成时起，这枚鹅卵石所在的岩层就一直基本稳定地向北移动。5 000 多万年后，在泥盆纪和石炭纪早期，它到了南亚热带地区。当时，它位于地表下约 5 千米深，基本不受地表天气（一般是温暖、半干旱的天气）的影响。在大约 3.1 亿年前，它向北穿越了赤道。没有大张旗鼓的宣传，也没有隆重的仪式，地面上明显不同的地貌（变成了潮湿的热带沼泽）也没有给鹅卵石的结构带来任何变化。然后，在 2.5 亿年前，它到了亚热带干旱地区北部的一处沙漠之下，那里十分干旱酷热，差不多是如今撒哈拉沙漠的位置。

之后，它又缓慢地移动到了现在的威尔士山区。哪怕不考虑东西方向上的移动，起点与终点的直线距离也有 1 万多千米，这段距离它走了 4 亿多年，几乎完全在地下完成，每年平均移动超过 2 厘米。它还在继续前进。

不过，其移动过程并不稳定，因为阿瓦隆尼亚大陆的命运与其南北两边更大的邻居息息相关。岩石内冻结的磁针揭示了它们之间的关系。在它的北面，如今的苏格兰和北美洲若隐若现，曾经形成数千英里宽屏障的巨神海已经闭合，几乎化为乌有。南面是巨大的冈瓦纳大陆，它的核心就是现在的非洲。但它在过去 1 亿年的大部分时间里都在移动，距阿瓦隆尼亚有 1 000 多英里。中间的大洋瑞亚克洋的大小已经达到了峰值，它正开始闭合。再过一亿年，随着大洋的地壳沿着俯冲带滑入地幔，它也将缩小并消失。

这些被封存的全球之旅记忆是来自地心的礼物。这份礼物可能会让我们大为震撼，让我们看到自鹅卵石诞生的时代以来，世界发生了如此巨大的变化。当然，随着大陆的移动、山脉带的增长和毁灭，以及新生命形式的演化，地表也发生了变化，但这只是字面意义上的表面变化。真正的剧变发生在地心，即以镍铁为主的地核处。如今，地核是一个直径达 7 000 千米的熔融金属

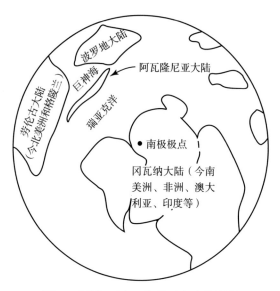

图 5　志留纪时阿瓦隆尼亚大陆的位置

球体，内部是一个直径约 2 400 千米的固体金属内核。这并不是一个恒定的状态。随着整个地球的冷却，地核正在持续不断且不可阻挡地凝固。大约 10 亿年前（这是个非常粗略的估算，从 30 多亿年前到 5 亿年前都有可能），地球还没有坚固的内核。内核在那之后逐渐凝固，再过 10 亿年左右，内核就会全部凝固，而保护地球的磁场也会随之消失。用好莱坞的风格说，我们对此无能为力。

　　这种变化的速度是惊人的。我们假设鹅卵石所在的地层对应了地球表面一个世纪的沉积物，差不多是人的一生。在这段时间里，假设地核的凝固速度与今天类似，大约为每秒 5 000 吨，那么在鹅卵石沉积期间，大约有 1.5 万亿吨金属从液态转变为固态，内核的直径因此增长了大约 5 厘米。从某种意义上说，不断增长的内核是在行星中生成的行星，因为推算、模拟内核的地震学家和理论学家认为，如今内核表面正在发生一种构造运动——内核"核表"上大面积的"核壳"开裂并相互滑动。还有人推测，内核的地貌呈现为一种"铁森林"，枝状的铁晶体正向上方的液态铁中生长。

在我们的鹅卵石时代，也就是志留纪，地球内核的结构和行为可能完全不同。由于内核较小，它受到内部物质竖直对流运动的影响可能剧烈得多，这种运动是由液体变成固体时释放的热量驱动的。这代表了行星特性的根本转变，尽管这种转变是在地表之下发生的。因此，鹅卵石诞生时的地球确实与现在不同。

关于鹅卵石在海底的位置，还有什么可以了解的？我们可以从鹅卵石上的微小颗粒和生物残骸，以及这些微粒和残骸与此前阿瓦隆尼亚大陆上及周围其他地方的地层中的微粒和残骸之间的关系中推断出更多的信息。例如，这些颗粒虽然随着浊流沉积在远离陆地的地方，但似乎并不是沉积在真正的洋底上，就像喜马拉雅山的泥沙被带过印度洋洋底一样。在威尔士公国周围的地层中，并没有发现构成真正海洋地壳的那种玄武岩。相反，这里虽然是一片深海，但是随着阿瓦隆尼亚大陆的地壳在板块构造运动的牵引下不断拉伸和崩塌，它在阿瓦隆尼亚大陆的地壳中发展起来。因此，这片古老的威尔士海不太类似大西洋，更像北海，后者如今仍在下沉并堆积着厚厚的沉积层。

动物的适应性

除了上述方法，我们还能怎样了解化石相对于其他地方的位置？化石还肩负着另一项任务，它们不仅是地质年代推移的指标，同时也是地理位置的指标。测算地质年代与测算地理位置所需要的化石刚好相反：测算地质年代的最佳化石来自那些生命短暂而广泛繁衍的生物，这样它们就能出现在地球上尽可能多的地方的地层中，从而便于各地层之间的比较；而测量地理位置的化石向导则必须是故步自封、足不出户的类型，例如加拉帕戈斯群岛的雀类和巨龟（每个岛都有自己的特有物种），或者科莫多岛的巨蜥。这些物种的分布受多种因素影响，包括适合其生存的温度和食物供应、地理偶然性（起源地点），以及阻止其迁移至条件可能适宜其繁衍的其他地区的障碍。

诚然，鹅卵石中的化石并不像达尔文雀那样，每种都被束缚在一个特定的岛上，因而能（在敏锐的观察者眼中）体现其所在岛的特点。广阔海域里的浮游生物分布更为广泛，受到的限制因素也相对更少。不过，如今的浮游生物对温度、营养物含量、悬浮泥沙含量等很敏感，它们在海洋中也会遇到障碍，特定的物种只栖息在具有特定条件的水域中。同样，鹅卵石中的志留纪浮游生物无法遍布当时的整个海洋（它们确实没有做到），而是只生活在条件合适的海域中。

不过，它们的分布范围已经足够广泛。就拿那块来之不易的、从鹅卵石中被精心挖掘出来的笔石来说，你肯定能在威尔士其他同时期的地层中找到类似的化石。在曾是阿瓦隆尼亚海岸的其他地方，比如说现在的西欧，甚至更远的中欧，或者在阿瓦隆尼亚与现在的苏格兰和北美洲之间狭窄的海域中，也很有可能找到同样的物种。但是，如果把范围扩大到当时的热带地区（比如，很有意思的是，对应于今天的加拿大北极地区），你的运气可能就会差一些。那里温暖的水域孕育的浮游生物完全不同。在那里不太可能找到笔石，但幸运的是，对试图跨越遥远的距离建立时间联系的人来说，这也并非完全不可能，那里有几个类似的物种。

最终，我们期望能将这枚含有笔石化石的鹅卵石放在更大的背景中讨论。也就是说，我们需要确定每个物种（任何动物、植物）曾在何时、何地生存，了解它在时间上和空间上的完整分布模式。时间上，我们充分利用它作为时间标记物的作用；空间上，我们利用它协助重建当时的生物活动区，并确定影响生物活动的各种因素（如气候等）。这一任务极为繁重，需要对数百万年的生命历史进行全面的梳理，而且除了时间、金钱和精力的限制（以及流下的眼泪），还存在一些需要克服的基本难题。

例如，如何给一个物种下定义？在古生物学领域，人们通常只能找到曾经存活过的动植物的碎片与残骸。即使在今天，生物学家也在为物种的定义争论不休。目前有个简单好用的定义："物种"是指能够杂交并产生可育后代的种群。这一定义显然不适用于对化石的检验，毕竟化石中的物种已经灭绝，无法再繁育了。因此，我们将形态难以区分的物种化石都归为同一个"形态种"。到底有多像才算像？这里就会出现争论。有些科学家（"细分派"）倾向于对物种做出非常精细的区分，希望能够尽量精细地描述出不同化石物种的差异；另一些科学家（"粗分派"）为他们认定的单一物种设定的界限则更宽泛，允许物种内部在大小和形状上有更多的自然差异（例如不同人在特征上的差异）。更麻烦的是，如今有相当多的物种是隐存种，这意味着它们要么无法通过任何可观察到的物理特征区分开来（它们的差异可能在生理或行为上），要么物理差异非常微小（而且完全存在于它们的软体部分），以至于如果它们日后变为化石，我们几乎不可能发现它们之间的差别。

面对这些（以及其他）棘手的问题，谁会去当古生物学家呢？他们真惨，真辛苦啊。令人惊讶的是，哪怕如此困难重重，这门科学还能正常运作。古生物学家在如何命名特定化石方面，通常会审慎地达成共识，以便在一定程度上实现化石的比对。当然，这可能会掩盖许多分类学问题，但偶尔我们也能揭开地毯，一探隐藏在下面的真相。同时，我们也必须承认，仍有一些物种的定义模糊不清或有争议。因此，进行整体分析时，我们必须充分利用手头的数据，不放过任何可能的线索，以揭示物种的真正面貌。

虽然这些数据嘈杂、不完美，存在一定程度的主观性，但我们仍然能够从中发现整体的趋势和特征。科学家经过悉心搜集，从世界各地获取了笔石和几丁虫化石，将这些化石依据特定的"时间片段"从低纬度至高纬度进行排列，发现化石种类数量随着纬度的升高而急剧减少。如今，在寒冷的北极和南极洋流与温暖的温带洋流交汇的区域，现代浮游生物的种类数量呈现出类似的变化。据此推断，"极峰"效应可能也曾影响着早已消失的古代海洋中的浮游生物。

还有一些奇特的现象，大概奇怪的物种总会有些奇怪的故事。比如说，有一种笔石，科学家将它曾分布的区域绘制在志留纪的全球地图上时，发现它似乎从热带到温带都有分布，还向两极延伸，这样广泛的分布范围真是令人震惊。难道它比现代浮游生物更能忍受酷热和严寒？还是说它在不同的纬度改变了自己在水中的位置，比如在高纬度地区生活在水面附近，而在热带地区则下降到较凉爽的深水区，以此尽量让周围环境处于适宜自身生存的范围内？又或者，热带、温带和寒带的这种笔石实际上不是一个物种，而是几个形态相似的物种，它们生存时期相近，但生理特性和适宜的环境不同？鉴于此种笔石在世界不同地区似乎有"广义"和"狭义"两种对品种的定义，最后一种可能性也许是目前最合理的解释。

这一事实恰好揭示了，当你着手研究鹅卵石上的化石，挖掘其特性、关联及历史时，所揭示的线索可以将你引导至地球的另一端。诚然，在此过程中，往往会有一系列徒劳无功的追寻，但这正是该工作的魅力所在。此外，这也表明我们仍有大量需要学习的内容，我们的这门年轻科学仍处于发展初期。

乡间漫步

在放眼世界之后，我们也可以将目光聚焦在脚下这片土地。为了详细了解过去的地理环境，我们有时必须跳出鹅卵石的局限，审视它所处环境的所有细节，或至少是人类有能力接触到的所有细节。这枚鹅卵石只是志留纪广阔海底不起眼的一小部分，这片海底有独特的地理环境：有些地方较浅，有些地方较深；有些地方一马平川，有些地方则是陡峭的悬崖。这样的地理环境带来了诸多显著影响：决定了海水从含氧到缺氧之间的分界线，进而决定了何种生物能够生存；影响了海岸线的潮汐现象及海浪模式；对未来岩石形成过程来说更重要的是，它确定了从浅水区域流入的富含沉积物的浊流的运动方向。

如何探索古老的海底？其实你可以直接踏上去走走。不需要准备压力服，也不需要氧气瓶，更不需要深潜器。你只需要穿上一双好靴子和一条能抵御荆棘的裤子，再加上一件防雨斗篷和一顶遮阳帽——毕竟这里天气多变（虽然是令人愉快的那种）。漫步在威尔士乡间时，我们实际上就是在穿越那片海底沉积层，到处都是将我们带回原始海底地貌的证据。若说鹅卵石中是微观世界，那么这里便是宏观世界。这便是野外地质学的魅力所在。

要注意的是，刚刚的表述还需要做些调整。我们几乎不可能在某一时刻走过代表海底的某个单一地层，而是在走过代表海底不同历史片段的、层叠的厚重地层。因此，我们的目标并非捕捉某一过往时刻的全景，而是追寻一幅海底的动态画卷，展现其历经数百万年在空间和时间上的演变过程。

当然，这样的探索面临着许多实际问题。威尔士毕竟是一片宜人的绿地，大部分岩层都被土壤和植被遮蔽着，同时也被最近一次冰期的残迹覆盖。因此，人们必须沿着溪流和峡谷（因此需要穿防荆棘的裤子）、山坡峭壁，甚至到农场附近的采石场去寻找岩石。岩石具有悠久的历史，曾被地壳运动挤压、错位，因此，我们需要将这个"四维拼图"重新拼接起来。

野外地质学堪称终极的法医学，是一门充满可能性的艺术。地质学家需要发挥所有的聪明才智，将能找到的所有证据拼凑起来，同时还要能敏锐地意识到自身推论的局限性。我们在脑海中构建的海底场景，并非对原始地貌的精确重建与还原，而是一种不断推翻、革新的认知。我们可以通过收集新证据来检验（有时甚至是颠覆）这一认知，也可以不断对它进行修正、磨炼与完善。但归根结底，它仍然只是一种构想，一个随着我们的理解而不断演变的初步模型。

无论如何，我们的鹅卵石确实来自威尔士中西部的悬崖峭壁。它是更大的岩层单元的一部分，代表着志留纪海底的一段漫长历史。对这些岩层的研究也历史悠久：它们刚好裸露在大型海滨小镇阿伯里斯特威斯周围的悬崖上，多年来一直备受科学家关注。正是在此地，岩石上有序排列的条纹结构首次被科学地解释为浊流沉积作用的结果，这在地质学理论中是一个里程碑式的进步。早期的科研人员对这片悬崖进行了从北到南的细致研究，他们观察到越往北，岩层逐渐变得越薄，同时构成它们的沉积物颗粒也变得更加细小。这些发现为浊积扇结构的形成提供了有力的证据，揭示了浊流逐渐减弱过程中沉积物的变化规律。

多年来，对这片悬崖的研究一直是业界标杆，全球各地的地层研究均以其为参照。这个被广泛接受的理论既有正确的部分，也存在缺陷。早期的研究者选择在沿海悬崖的南北线上进行调查，主要原因是那里的岩石较为醒目，易于观察。由于西部是广阔的海洋，受限于技术和资金，人们无法深入探索，至少在没有巨额预算和先进潜水设备的情况下是无法进行的。而东部的威尔士山丘则覆盖着茂密的植被，褶皱状的岩石结构只偶尔露出一角。

要观察这些岩石，从中描绘出海底地貌的画卷，我们只需穿越山丘和峡谷，研究、描述、测量这些地层，并以此为基础解读它们，如同我们在本文中解读鹅卵石一样，解读海底世界在"何时"发生了"什么"。其中，"什么"可以揭示无穷无尽的浊流威力有多大，以及它们携带和沉积的沉积物有多少；而"何时"的意义在于，如果没有时间因素，所有地层都将是一锅无法理解的"岩石汤"。我们需要用敏锐的眼睛来找寻化石，尤其是寻找笔石时——它们真的很小！有了这些化石，我们就可以将地层按单位划分，每个单位代表约 50 万年的历史，然后在乡间探寻岩石，同时确定它们形成的时间。

几年前，人们进行这项研究时，海底发生了巨大的变化。或者说，人们对海底的认识发生了改变，更接近真实的志留纪海底，这正是我们所希望看到并相信的。在那里，地层并非从南到北发生改变，尽管这种趋势仍然可见。相反，它们从西向东发生了巨大变化。向东部，地层（当然是海崖中的真实组成部分）变得极其厚实，从沿海往内陆走几千米，厚度就从几百米增至 2 千米。单个地层，即由单股浊流沉积而成的沉积物单元，也变得更加厚实，其中一些厚度达到 2 米或以上。再向东一些，这些巨大的地层突然消失，取而代之的是一些薄薄的泥岩（岩层中的微小笔石化石证明了地质时间上的一致性）。那么，那段时间究竟发生了什么？

原来，人们所熟知的这些悬崖峭壁，其实是曾源源不断涌入威尔士志留纪海域的泥沙形成的巨大楔形沉积物的薄层边缘。泥沙是从南面涌入的，早期的观察结果并没有错。但是，大部分沉积物都很自然地堆积在海的最深处，而这个地方（从现在的地理角度来看）如今已经是内陆了。随着沉积物涌入，海底逐渐下陷，于是更多的沙子和泥浆流入，推动海底进一步下陷，如此循环往复，形成了正反馈效应。海底并不是简单地下陷成一个褶皱。它就像一扇活板门，铰链在西边，而东边形成了一个巨大的错位——地质断层，大量地层断裂，在地壳中竖直向下滑动。这样一来，另一侧就留下了一片海底悬崖，它将汹涌的浊流限制在悬崖脚下，阻止浊流继续向东流去。这就是"半地堑"，在过去和现在的地貌中都很常见，不过这段峭壁的半地堑尤为典型。在短短 100 万年内，这个地区便经历了敞开、下沉、沉积并最终固结的过程。

图 6　半地堑地貌

　　这是一幅壮丽的画卷，海底风光毫不逊色于周边山峦的景致。对仍处于海底表面的鹅卵石沉积物而言，这片区域无疑是其悠然自得的好去处。然而，如今它们即将告别这段短暂的平静时光，迈向更长久的地下囚禁生涯。地表之下的"囚禁之地"已然成为改造鹅卵石的摇篮。

第 9 章

找到黄金!

微生物及金属

　　这是鹅卵石与地表世界漫长分别的开始。组成鹅卵石的碎片及微粒已经被压入凝滞的深海底，除了某些微生物偶尔发出磷光，它们几乎完全处于无边的黑暗之中。目前我们看到的威尔士岩层坚硬、致密，只有几厘米厚；但在当时，它们还只是一层湿答答、黏糊糊的泥浆，甚至散发着恶臭，至少有 25 厘米厚。这层泥浆铺在海底，向各个方向延伸达数十千米。在鹅卵石物质被更多浊流带来的沉积物掩埋之前，我们先来看看它在这一时刻的样子。

　　泥浆中充满了生机，特别是泥浆的表面。大部分生命来自复杂的微观城邦——微生物垫。即使是在表面以下的泥浆层，也有大量微生物在活动，而且由于微生物善于在各种条件下生存，它们的活动还将持续相当长的时间。它们不屈不挠，努力维持生计，方法之一就是以浮游生物掉落的软组织为食。微生物不断分解、回收软组织，这一过程我们称之为腐烂。在缺氧条件下，浮游生物的身体腐烂速度很慢，但那些华丽、复杂的分子结构还是会开始降解，转化为更小、更简单的分子，只留下那些不可食用的硬质部分。几十年甚至数百年间，微生物对这些部分虎视眈眈，但始终未能将它们分解，这些留下的部分就是我们今天看到的疑源类微体化石、几丁虫及笔石的外壳。

身处这片微观的"垃圾处理场"，微生物最重要的任务就是处理蛋白质、脂肪和碳水化合物组成的残骸。不过它们还有其他任务，比如搜寻能量。这就带来了一种（人类眼中）美丽的副产品。

我们的燃料是氧气，它是消耗食物"燃料"以供能的最有效手段。在缺氧条件下，微生物找到了氧气的替代品，海水中的次优燃料——硫酸根离子（SO_4^{2-}）。海水蒸发后析出的物质中含量最高的是氯化钠（岩盐），其次就是硫酸钙，也就是人们常说的石膏的原料。如果微生物将氧原子从硫酸盐中剥离，硫就会以硫离子（S^{2-}）而非游离硫的形式存在。硫离子与海水中溶解的铁离子相遇时，就会结合成二硫化亚铁FeS_2，这就是黄铁矿，一种常见的矿物，因其美丽的金黄色而被人们称为"愚人金"。

黄铁矿真的能愚弄人吗？或许，天真的新手或者缺乏经验、容易受骗的人，在第一次接触黄铁矿时会上当。其实，黄铁矿是一种常见的矿物，任何以认真研究岩石为生的人在职业生涯早期就会遇到它。它与黄金的差异显著，不仅重量远远不及黄金，而且质地脆硬、缺乏延展性，易失去光泽。值得注意的是，金矿形成位置通常深藏地下，而黄铁矿虽然可能形成于地下深处，但也可能在更加接近地表的区域出现，例如当你悠闲地沿着海滩漫步时，它就有可能藏在你的脚下。

在海底之上的深海静水中，也就是形成我们那枚鹅卵石的沉积物正上方，或许正在发生某些变化。微小的金色黄铁矿晶体从黑暗的海水中浮现出来，悬浮于水中。这些晶体呈立方体状，或为立方体的变体（比如斜角或斜边）。它们在形成过程中以某种方式排列成三维阵列，展现出很强的几何美感：一个由数百块微晶体组成的球体。这种复杂的微观结构形似覆盆子，其名称亦由此而来：莓状黄铁矿（framboid，源自 framboise——法语中的

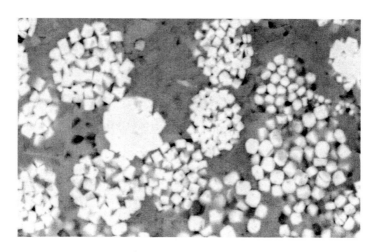

图 7　高倍放大后的莓状黄铁矿晶体

"树莓")。当晶体的重量增至无法在海水中悬浮时，直径约 0.009 毫米的它便开始逐渐沉入海底泥浆。晶体如雪花般纷纷飘落，肯定有一些落在了我们那枚鹅卵石所在的那一小片泥浆之中。在海底的大片泥浆中，黄铁矿晶体同样能以特定的方式，利用相同的原材料形成。不过由于在泥浆中受到了一定支撑，它们可能会比在海水中漂浮着的晶体生长得更大，直径通常能达到甚至超过0.1 毫米。

这些精妙的结构是如何形成的？莓状黄铁矿本质上是一种细菌群落的化石吗？科学家也曾提出这种观点，不过实际情况似乎并非如此。理由之一是，在实验室的无菌环境中，科学家也成功培养出了莓状黄铁矿，这说明它可以在无生命存在的情况下形成。它奇特的几何形状，是简单的物理及化学作用下的一种自组织行为。但在自然环境中，微生物仍被认为在莓状黄铁矿形成的过程中发挥了积极作用，至少它提供了可与铁结合的充足硫化物。

在汇聚成这种闪闪发光的新矿物之前，铁元素和硫元素走过的路可能完全不同。硫和碳一样，在来到海底之前的经历可能漫长而精彩。比方说，在形成我们鹅卵石的沉积物从最初的古老基岩中分离出来的几百万年前，某些硫原子可能就已经先作为二氧化硫气体，从半个地球之外的火山中喷发出来了。随后，它们在大气中飘移，最终以硫酸盐的形式溶解到海洋之中。进入海洋之后，硫酸盐可能还要在洋流中漂流上千年，随着海水一圈又一圈地环绕地球，最后被一种渴求能量的微生物分解，才转化为"愚人金"。

铁的旅程多半更短暂直接。作为矿物颗粒的一部分，它们与鹅卵石沉积物一起到达。在海底，有一小部分铁可以溶解在停滞的底层海水中，以溶液的形式流动，但多半流不远，因为溶液中的铁遇到含氧的海水（比如少部分从表层流动下来的海水）就会很快被氧化，变为铁锈颗粒再次沉入海底。因此，铁从沉积在海底泥浆中到与硫元素会合，所经历的旅程长度可能仅为几米（甚至可能是几毫米），而不是数千米。

鹅卵石中可能有数以百计，甚至数以千计的莓状黄铁矿晶体。除了上文中提到的形成方式，黄铁矿也可以在其他地方形成，而这将有助于保存那些比微生物大得多的生物遗骸。在志留纪的海底之下，在形成鹅卵石的那片泥浆的微观世界里，也许只要往下几厘米深，就会看到一些空腔和孔洞。其中一些孔洞已经被金色的黄铁矿晶体迅速填满，就像是阿拉丁发现的那些满是金银财宝的山洞一样。这些晶体或大或小，或茂盛成簇，甚至在这些地表下的孔洞中形成了微小的金色"石笋"。

这些孔洞就位于化石的内部——往往是具有精巧内部结构的笔石化石，有时也包括几丁虫和疑源类微体化石。这些黄铁矿的形成原理与别处完全相同，同样都是硫酸盐被分解为硫化物，并与溶液中的化学还原铁接触。泥浆中大量存在的高耗能微生物充当了这一过程的催化剂。

这座化学工厂的生产效率之高令人惊叹不已。笔石内部的空腔有时只有 2 到 3 毫米宽,却能完全被金光闪闪的黄铁矿晶体填满(见插页图 2E)。这么多的铁和硫是如何穿透黏糊糊的泥浆(考虑到泥浆的渗透性通常较弱),来到化石内部的呢?

这是个难题。为了尽量理解这个过程,我们可能需要想象自己缩小到分子那么大,就像一部老电影《神奇旅程》(Fantastic Voyage)①中所展示的那样,切身体会化学离子的运动。在这样的微观尺度上,我们将比微生物还要小,海水对我们来说将变得比糖浆还要黏稠。海水是完全静止的吗?应该不是。鹅卵石沉积层下面,还有厚达数百米的淤泥。在长达数月乃至数年的时间里,这些淤泥会受到自重挤压,将水挤出来。这股水流平缓上升,源源不断,在这一尺度下可称规模巨大。带有大量溶解离子的水,在越压越紧的泥层之间被迫向上流动,最终与海底附近的海水汇合。这就是在泥浆中实现化学转移的一种方式。

在更短的时间尺度上,我们还会发现"分子扩散"现象。这些溶解的分子,凭借自身的热能,不断地振动、碰撞。它们在流体中穿行,如同疯狂的舞者们在拥挤的舞池中肆意舞动,或是碰碰车游戏开始后的混乱撞击。它们相互碰撞,改变着彼此的运动轨迹,各自在亚微观的三维世界中,循着随机的路径前行。

分子碰撞产生的能量足以搅起较大的颗粒,如黏土颗粒、

---

① 一部讲述医生缩小到几百万分之一大小,进入人体内进行手术的科幻片,于 1966 年上映。——译者注

尘埃等。显微镜学家很熟悉这种运动，它名为"布朗运动"，得名于植物学家罗伯特·布朗。布朗先生的一生漫长而充实。他刚离世，查尔斯·达尔文就收到消息，阿尔弗雷德·拉塞尔·华莱士也独立产生了动物与植物通过自然选择演化的思想。不知道是不是命中注定，布朗的去世让林奈学会有了一个空出的名额，达尔文得以加入学会，并在公开场合发表了他自己及华莱士的自然选择理论。正是在华莱士研究成果的刺激下，达尔文才把自己几十年前的发现公之于众。

布朗生前曾被誉为一个能以"恒心与冷静"来进行科学探究的苏格兰人。这里的"冷静"指的是头脑冷静而非性格冷漠，实际上，他热爱在享用晚餐和波特酒时与旁人展开讨论，当达尔文就细胞中细胞质流动的新发现热切地向他发问时，他还曾俏皮地回答："这是我的小秘密！"布朗并非首个观察到分子随机运动现象的人，但他以自己一贯严谨的风格描述并解释了它。作为一名备受赞誉的显微镜学家，他不仅对植物的微观部分（特别是花粉）进行了细致入微的观察和描述，而且更进一步地探索了花粉颗粒内部的奥秘。他发现，在花粉颗粒内部，更小的颗粒仿佛拥有独立生命一般，正在不断地颤动和跳跃。

布朗运动代表着生命本身具有的活力吗？并非如此，因为在博物馆中沉睡了一个世纪的花粉粒中，在不存在生命的矿物尘埃中，布朗都观察到了同样的活动。他虽不知道具体的原理，但他知道并明确指出，这是一种物理活动，而非生命活动。后来的学者，包括爱因斯坦在内，终于发现布朗运动是颗粒周围看不见的水分子对颗粒的持续随机撞击引起的。微生物和病毒的生活从不平静，它们始终受到周围分子的轰击。正是布朗运动给它们的运动增加了很大的随机性，让它们能更有效地找到营养丰富的环境。

在纳米世界中，布朗运动是生物学和化学过程的主导力量之一。在流体中，离子和分子的扩散十分高效。黄铁矿晶体在笔石遗骸的空腔内搭建的"花园"，可能还受到了另一种驱动因素的影响。扩散是使分子在流体中均匀混合的好方法，如果有某种因素改变了均匀状态，使得流体中产生了高浓度与低浓度的分区，分子和离子在流体中的随机游走就会让浓度再次变得均匀。当黄铁矿晶体不断生长时，其周围海水溶液中的铁离子和硫离子会不断地被提取出来，在晶体中固定下来，这将导致晶体附近溶液中的两种离子含量不断减少。为了保持浓度的平衡，稍远处溶液中的两种离子会补充过来，而它们又会被不断生长的晶体吸收……就这样循环下去。扩散现象像是一条传送带，将原材料源源不断地送进空腔内的晶体工厂。

这是一种快速构建晶体结构的好方法。矿物对生物遗骸空腔的填充过程，在地质学尺度上，几乎算得上是瞬间完成的。阿瓦隆尼亚大陆受到侵蚀，所引发的浊流不断将泥浆带入海底，堆积在化石上；而在脆弱的化石空腔被上方不断加厚的泥层压碎之前，矿物就已经填满了整个腔洞。有时候矿物形成得稍微慢了一点儿，化石空腔内还没有形成足够多的黄铁矿，上方的泥浆又越来越重，这时化石就会开始扭曲变形。我们可以看到，有些矿化的化石并没有完全保留原来的立体结构，有些结构被局部压平了。在之后数百万年的岁月里，尽管岩层内部压力巨大，黄铁矿仍将与笔石一同安然度过这段时光。它是笔石最好的朋友。

黄铁矿也是古生物学家最好的朋友，因为在化石脆弱的碳化生物膜脱落之后，它仍能清晰地留存化石的内部结构，那迷人的金色光泽与周围灰扑扑的岩石形成了鲜明对比。如果对我们这枚鹅卵石进行X射线扫描，你将发现其中的笔石以幽灵般的暗影显现出来，而且每个空腔都整齐、均匀地填充着致密的黄铁矿。从岩层中完整挖掘笔石化石的过程既耗时又费力，因此能瞬间发现如此大量的精美化石，很是令人震惊。况且，只通过X射线扫描，就能发现岩石表面经过数星期乃至数月仔细检查都无法发现的纤细而精美的笔石化石群，这简直太令人惊喜了。不过，探究岩层的过程中总会出现不同的惊喜，不是吗？

穿越边界

在我们这枚鹅卵石表面细密而平行的条纹之下，几毫米的深度处，你或许可以瞥见一个颜色较深的暗影，比周围的灰色泥岩更暗一些。周围散落的鹅卵石也有类似的条纹，只有几毫米宽，边缘并不清晰，逐渐淡入正常的泥岩颜色之中。沿着海滩往上走，来到那些久经海浪冲刷、风雨侵蚀的岩石区时，你会发现这里鹅卵石的条纹已经褪色，显得更为苍白，有的几乎完全变成了白色。

用扫描电子显微镜来观察那些原本为深色但因风化而泛白的条纹，可以看到构成泥岩的细小颗粒被一种浅色的"水泥"牢牢地粘住了。这种"水泥"并非我们用于黏合建筑的石灰水泥，而是磷灰石水泥。磷灰石的化学成分是磷酸钙，与人体骨骼的成分相同。磷灰石会在海底下方一两厘米处形成一种快速硬化的微晶凝胶，它的出现标志着形成鹅卵石的沉积物已经跨过了地表与地下之间的边界。大约也是在这个边界处，"愚人金"开始填充笔石化石。

这种边界在如今的地球上也广泛存在，它是一条氧化还原分界线，将富氧、具有氧化性的地表和缺氧、具有还原性的地下分隔开来。这条分界线往往就位于地表以下。如果我们在沙滩或泥滩上挖一挖，那么通常在干净的浅色表层沉积物下约一两铲的深度，我们就会遇到一种黑乎乎、散发着恶臭的沉积物。这种恶臭来自该沉积物释放的硫化氢气体。在这条化学边界处，矿物质的浓度相对较高，比如现今洋底下方的分界线附近，铀元素尤为丰富。这是因为，铀在氧化状态下溶解度相对较高，而在还原条件下溶解度则较低，所以它会在氧化还原边界处形成沉淀。

在威尔士的志留纪海底，边界线的附近沉淀了大量的磷酸盐。这些磷酸盐来源于沉积物中腐烂的有机物。在含氧量足以让穴居蠕虫大量栖息的海底下面，形成的磷灰石层最厚，因为这里与海底之下滞积的泥浆差异最明显。不过，磷灰石层也可能出现在未受干扰的"缺氧"海底。这可能是因为，这类海底虽然不适宜生物生存，但与表面之下几厘米处还原性更强的泥浆之间的对比依然很明显，因此也会形成类似的边界。

那么，磷灰石胶结层是两方化学势力（氧化和还原）对战的遗迹吗？会不会这里本来是古老的战场，后来随着浊流的冲刷，它被层层泥浆掩埋，但在新的海底表面，又反复形成了新的战场？事情可能没有这么简单。在海洋的氧化还原层中，还隐藏着一个谜团，它的谜底可能与微生物强大的沟通能力有关。

当现代海底的条件发生变化，比如海水的含氧量增加或减少时，这种变化就会传递到海底几厘米以下的沉积物中。这似乎很正常，可以用化学物质的简单扩散来解释。但是，被掩埋的沉积物对上方海水的变化做出的反应太快了，显然超出了简单的扩散机制所能解释的范围。应该是有什么东西迅速地将这些变化传递到了沉积物中，而它们很有可能就是协同工作的微生物。它们构建了一条横跨大约上万个个体长度的电化学通信链（要知道，对于某些生物来说，一厘米的距离都如同天堑）。

这是我们周围微生物网络复杂性的有力证明，它们从各种方面支持着我们。不过，我们对它们几乎一直一无所知（也许这种无知是幸福的），大部分的微生物种类仍未被发现。这种高效的"微生物中继器"，是否就是志留纪磷灰石工厂的有机组成部分？如果不是，我肯定会倍感意外。不同于稚嫩的多细胞生物，微生物有长达 30 亿年的时间来优化自身的指令和控制机制。到了志留纪，这些微生物已经存在了很长时间，我们有理由相信，经过无数次的演化和磨炼，它们能在鹅卵石上留下持续 5 亿年的印记。

看不见的甲烷

自形成鹅卵石的物质被掩埋开始算起，让我们把时间再向后推移一万年。一万年大概是上一次冰期结束至今的时间间隔，或是我们所处当下与罗马帝国间隔时间的 5 倍之长。但就鹅卵石在地球内部下沉的漫长旅程来说，一万年只是起点的一瞬间。它不会下沉到地核中，最深处离地核也很远，但深度足以让柔软的泥浆变成屋顶坚硬的瓦片。还要过很久很久，它才会再次回到地表。

在这个时候，鹅卵石层到了海底下方约 10 米深处，上面堆叠了几百层由浊流带来的数厘米厚的泥浆，有缓慢移动的浑浊羽流带来的数千层细微尘埃，当然还有那些从被阳光照射的表层海水中沉降下来的、数以百万计的腐烂中的微小生物遗体。鹅卵石沉积物层中仍有微生物，不过不是从前那些了。次优的能量来源——泥沙中的硫酸盐已经耗尽，愚人金工厂已经歇业倒闭。微生物的数量减少，生长繁殖的速度也更为缓慢，因为现在的生活更加艰难了。

此时，微生物的食物及能量的主要来源变成了被掩埋的有机物。不过，笔石、几丁虫以及疑源类微体化石的外壳，这些几乎坚不可摧的物质仍旧没什么变化，只是可能色泽从原本的透明变为淡黄，犹如晒久变黄的聚乙烯塑料。微生物的能量来源于其他物质：从前那些复杂的活细胞组织、碳水化合物、脂肪、蛋白质、RNA（核糖核酸）及DNA（脱氧核糖核酸）等，这些残骸堆成了一个微型垃圾场，有机分子在一次次被消化后变得更小、更简单，其碳含量升高，而氢、氧及氮含量降低。即便如此，那些机灵的微生物也能饱餐很久了。

在这样的深度，微生物会对剩余物质进行发酵和分解，释放出二氧化碳和甲烷，它们随后会慢慢上升至海底地表。在这样有限的条件下，微生物依旧挑剔，它们会选择较重的碳同位素组成二氧化碳，而将较轻的碳同位素组成甲烷。这些气体并不都能渗透到海底，至少不能很快如此。一些二氧化碳可能会遇到埋藏在泥浆中的碱性富钙土块，并与这些土块发生反应，形成坚硬的混凝土状碳酸钙小块，直径可能达到几十厘米；不过威尔士泥岩出了名地缺钙，这类小块也不多见。

至于甲烷，它与鹅卵石的关系可能更为密切，只是这段历史没有明显痕迹，也未获正式记载。我们只能根据甲烷在现代深海泥浆中的表现来推断，这段历史的存在是合理的。

在现代海面下几百米的部分海底，甲烷不再是气体。如果上面覆盖的淤泥和水的重量带来的压力足够，温度又不算太高，甲烷就会变成固体。甲烷分子被困在水冰的笼状结构中，在沉积物中形成一种致密的蜡状物质。如果你抽出一些并把它带到地表，它就会在大气压下变成气体，伴有咝咝声、碎裂声、爆裂声等。如果你在它附近划一根火柴，它还会燃烧。这就是可燃冰（或称甲烷水合物）。对现代人类来说，它既提供了一种潜在燃料的希望，同时也是一种威胁：如果气候变暖，大量甲烷水合物不再稳定，它们就有可能向大气中释放大量的甲烷，这可是一种强力的温室气体。

如今，海底之下的甲烷水合物层并不是固定不变的。它们会慢慢迁移，停留在温度和压力正好允许其作为固体存在的区域。随着地表沉积物的增加，压力随之增大，甲烷水合物也在泥浆中越积越多。但这同时会导致泥浆层的最下方离地热区更近，于是一些甲烷又会受热变回气体，并向上迁移到温度较低的区域，在那里它可以逃逸至海底地表，或者变回固体。这样，整个甲烷水合物层会向上迁移以适应沉积作用，总体保持在海床下方大致相同的深度。

当组成我们这枚鹅卵石的物质被埋得越来越深，慢慢地沉入地球深处时，它是否在甲烷水合物层中度过了几万年或几十万年，被凝固的蜡状甲烷包围？这似乎是可能的，因为威尔士的泥浆中含有丰富的有机物，按理说会产生大量的甲烷。我们可以通过观察岩石来判断这一点吗？恐怕很难，几乎没有明确的线索可以说明甲烷水合物曾经存在。如果说甲烷水合物的形成与消失会造成沉积物的膨胀和收缩，是不是可以通过一些被破坏的层状结构来证明甲烷的存在？也有这样的可能。威尔士的泥岩中经常有被打乱的岩层，比如当沉积物还比较软的时候，一层滑过另一层，就会造成这样的现象。不过，如果表层沉积物由于重力的简单作用滑过倾斜的海底，同样也会如此，而这种情况下被破坏的层状结构与甲烷无关。这也算是鹅卵石历史中的又一个小小谜团，我们希望有朝一日能够揭晓它的谜底。

在甲烷水合物层之下，千年万年倏忽而过。10万年之后，会发生怎样的变化？让我们来看看：鹅卵石如今被埋在100多米深的泥浆之下，温度明显高于海底，大约高3摄氏度。泥浆密度会变得更大，因为有许多水分被挤压了出来，但还不能算是坚硬的岩石。如果人们能穿越时空，把鹅卵石从那里挖出来，那么它将是可塑的，可以在你的手指中成形。它仍然包含生命，不过其中微生物的数量越来越少，剩下的食物越来越难以消化，因此，微生物的分裂速度要慢得多，以前可能每隔几小时就分裂一次，现在则一年才分裂一次。液体仍在十分缓慢地向上流动。

我们现在可以想象一下那时的鹅卵石在地层中的形状。它大概比目前常见的鹅卵石要高一半，也要胖一半。其中的笔石和几丁虫以及疑源类微体化石的颜色比以前略黄，但仍然是半透明的。有些鹅卵石物质中充满了黄铁矿，后者和刚形成时一样脆而有光泽，依然是金色的；有些只填充了部分黄铁矿，剩余的空间则被泥浆中遍布的液体填满。就这样，一千年又一千年，鹅卵石不断向下移动。随着上方重量的增加，泥岩缓慢变硬，温度也越来越高，每几万年升高 1 摄氏度。活着的微生物正在慢慢减少，它们如冰川般缓慢的生命正在一个接一个地消逝（尽管它们最终全部消逝还要过成千上万年）。

还有其他微妙的变化正慢慢发生，其进展之缓，使人几乎无法察觉到一个千年到下一个千年的变迁。鹅卵石内部的矿物正在经历转变，因为有些被卷入这片沉积物"废墟"的矿物并不适应这里温暖而充满水的环境。举个例子，长石，这种由岩浆凝结而成的钾、钠和钙的铝硅酸盐矿物，正在逐渐分解、变质。在温暖的海水中，由于残留的有机物，海水呈现弱酸性，这缓慢地瓦解了长石的微观结构，使铝硅酸盐框架转化为新的黏土矿物，并在深海积累。同时，释放出的钾离子、钠离子和钙离子会被水流带走，继续它们的旅程。

有些离子并没有走远。特别是钾离子，它会与某些矿物，如富含镁的蒙脱石黏土反应，并逐渐将其转化为黏土矿物伊利石。这是一个长期的地下转化过程，将持续数百万年，直到它们，以及我们的鹅卵石所在的岩层都完全被转化为止。

到了这里，鹅卵石还要再安静地等上几十万年才会有新的变化。在鹅卵石到达某一个"成熟"阶段之际，我们将见证一次令人惊叹的转变：泥浆的形态将逐渐消失，取而代之的是坚硬的岩石形态。

第 10 章

生油窗

稀土

时间又过了几百万年——可能是 300 万年，也可能是 500 万年。在此期间，沉积物不断涌入志留纪的海底，这一海域在很久以后被另一片海洋切割，形成了威尔士中部崎岖的悬崖海岸线。沉积物迅速涌入并增厚，将鹅卵石物质掩埋在海底之下 2 千米，或者更深处。

就算是以地质学的漫长尺度来看，这种掩埋也是相当迅速的，人们可以将这种现象归于地理的变化。若要产生大量的沉积物，就需要发生大量的侵蚀，也就需要有一些能被侵蚀的东西在场——陆地上的高地和山脉，它们源自神奇的板块构造机制。那时，位于阿瓦隆尼亚和苏格兰之间的巨神海已经闭合了，这两块陆地开始相向移动。这种板块碰撞被称为软碰撞，是指相邻大陆的压力恰好足够使地壳的部分区域开始上升，并让其他地点发生补偿性下沉——不过还不足以导致大规模的山脉隆起。因此，当时位于今南威尔士及其南部地区的陆地被抬升，而覆盖威尔士的海床则被迫下沉。这种地壳运动的后果是产生了大量的沉积物，大自然以此来试图恢复平衡。

深海之下鹅卵石物质的特定压实模式，与远在数百、数千千米之外巨大而神秘的板块运动紧密相连。之所以说这种板块运动神秘，是因为通常在软碰撞之后，硬碰撞和造山运动会紧随着发生，但实际情况并非如此。尽管最终造山运动确实发生了，但其出现时间比预期推迟了数百万年。威尔士山脉的形成时间比预期要晚得多，这个故事还得等会儿再讲。我们现在想要讨论的，是另一个与地壳剧烈活动无关的故事。

在海底再往下的数千米处，将要形成鹅卵石的物质的温度已接近 100 摄氏度，还在不断升高。致密的泥浆之间仍存在一些水分，但由于厚厚的沉积物造成的高压，这些水并未沸腾。

在这种环境下，还存在生命吗？地底微生物可能已经达到了它们生存的极限。地表微生物的生存温度可能不止 100 摄氏度，因为在海底火山喷口附近，有些属于"嗜极微生物"的细菌能够至少承受 113 摄氏度的高温。但在岩石深处，地底微生物同时面临着高温和食物匮乏两大问题，哪怕有着顽强的生命力，它们恐怕也无法在这样的环境下生存。在这样的深度下，生物学逐渐退居幕后，而物理学和化学则成了绝对主导。

在这里，可能也会发生一些奇怪的化学反应。比如说，假设你用放大镜仔细观察这枚鹅卵石，并把注意力集中在深色层，这些带有细小条纹的深色层记录着死去的浮游生物在海床上的缓慢沉积。但是，鹅卵石上还可能会到处有一些几乎看不见的凹痕，最多只有一毫米宽，这些凹痕的存在说明，曾经有一小部分岩石比它周围的部分更坚硬。看起来，它可能是任何一种常见的物质，比如一小簇粉砂，或者一小块黄铁矿。

实际上，这并不常见。让我们将这枚鹅卵石放在扫描电子显微镜下（它的尺寸应该刚好适合），并将电子束聚焦在它上面，设置好机器去分析这道凹痕。在这里，我们主要分析它的化学成分，而不是它的形状。有点儿出乎意料的是，这里有磷；不过，更让人惊喜的是磷所发生的变化。这里还有镧、铈、钕、钐，以及铕、钇、镝、镥……（机器的分析能力已经达到极限。）元素可真不少。这些元素很少出现在日常对话之中（虽然我们之前提到过其中的钐和钕），也许只有研究艰深领域的化学家才会经常和它们打交道。

这些都是稀土元素，它们与磷结合，可以形成名叫独居石的矿物（见插页图3A）。"稀土元素"指一类独特的元素，这个名字有点儿不恰当。它们既非极端稀有（铂和铱这样的元素才确实极为稀有），看起来也不像泥土。不过，它们确实是化学元素，而且在门捷列夫的伟大发现——元素周期表中占据了一列，[①]就

---

① 稀土元素包括元素周期表第三副族（从左数第三列）中的镧系（第57~71号）元素和钇，也有人将同属第三副族的钪纳入。不过，第三副族还包括锕系元素，因此"一列"的说法不太妥当。——编者注

像人类最亲密的家庭一样紧密相连。它们的性质非常相似，所以往往一同被发现。

独居石并不是一种稀有的矿物，而是花岗岩中最为典型的次要矿物。它从冷却的富含二氧化硅的岩浆中析出。但与方解石或黄铁矿不同的是，独居石并不是在近地表条件下结晶的，而是在地底 2 千米深的致密泥浆中结晶而成，不过广义上仍然算是近地表矿物。稀土元素通常几乎不溶于水，因此，人们没想到它们也能从沉积的微粒中溶解出来，并在岩石中的某处以晶体的形式析出。

那么，独居石是否和锆石一样，是花岗岩中被侵蚀出来的晶体？答案是否定的。独居石晶体很大，直径可达一毫米，而且很重。按理说，这些大而密实的颗粒本应该由最强的水流携带而来，落在鹅卵石沉积物的粗砂层，而非富含浮游生物的细砂层。可是，借助电子束精细观察，可以发现独居石晶体中有很多杂质，这些是黏土与粉砂颗粒。因此可以推定，这些独居石并非来自侵蚀与冲刷，而确实是在泥浆中结晶的，新出现的矿物将一部分沉积颗粒包裹起来了。

这就带来了一个化学难题。我们的鹅卵石提供了明确的证据，表明常规环境下极难溶解的元素确实会以某种方式溶解在泥层中，并从溶液中结晶出来，形成一种通常与岩浆有关的矿物。这个消息对地质学家来说简直是雪上加霜。长期以来，地质学家一直认为稀土元素在地表是不溶于水的，因此，在它们从一座山中被侵蚀出来，并被沉积物带到数千千米外的深海淤泥中的过程中，它们应当不会被分类或分离，而是会保留着来源山脉的化学记忆。因此，正如我们在第2章中所看到的那样，它们被广泛用作示踪元素，以确定构成岩层的颗粒来自何处，并确定来自地幔的岩石的最终起源。但是，如今的发现表明，稀土元素在泥质地层中可以随意移动，这意味着稀土元素可以重组，呈现出不同的化学形态，这可能会对示踪工作产生极大的误导。

事实上，在同一块独居石晶体中，我们就能观察到它不同的化学形态。我们操纵电子束从晶体中心向半毫米外的晶体边缘移动，就可以看到在晶体不断向外生长的过程中，不同元素的比例发生了巨大的变化。在晶体中心，也就是晶体最初形成的地方，钇和镝等较重（原子核中含有较多质子和中子）的稀土元素很常见。越靠近晶体边缘，重元素的数量就越少，到了边缘，主要的稀土元素就变成了较轻的铈和镧等。也就是说，随着晶体的生长与析出，周围液体的成分发生了根本上的改变。这些晶体忠实记录了在古代海底的厚重泥浆中，曾发生的化学变化。

但是，这种大规模的化学"洗牌"是如何发生的呢？我们还需要更多的线索。比如，我们可以对鹅卵石进行X射线扫描。在那些幽灵般的笔石图像中，我们可能就会发现独居石晶体。这些细小的淡色针状晶体在X射线下显得比周围的岩石更不透明。它们和笔石一样，成群出现在富含浮游生物的深色地层中。相比之下，很少有独居石晶体会出现在由汹涌的浊流沉积下来的浅色矿物泥浆里。

由此，我们就有了一条线索——独居石与富含浮游生物的地层中的有机物似乎关系密切。但是，稀土元素到底是从哪里来，最后形成了这些晶体呢？在这里，我们可以（再次）牺牲一下我们的鹅卵石。让我们小心地切割出深色的富碳层和浅色的贫碳层，并对每一层进行单独的化学分析，看看每一层中稀土元素的丰富程度。分析结果令人震惊：深色层中稀土元素的含量是普通泥浆中的 10 倍甚至更多，而浅色地层中的稀土元素则明显不足，含量低于普通泥浆。对鹅卵石做整体分析，平均而言，它的稀土元素含量是正常的，数值非常普通。

因此，独居石形成的过程必然包括大规模的元素再分配，将这些稀土元素从缺乏有机质的岩层转移到富含有机质的深处岩层。是什么东西在负责运输？其中之一肯定是水：直到如今，滚烫的水仍在流经整团泥浆，缓慢地滤过紧压在一起的沉积物颗粒。在自身巨大的重量下，泥浆会不断挤压自己，变得越来越干燥。这可能会溶解来自较低地层的物质，将其带入溶液中，然后这些物质可能会在条件不同的较高地层中再次析出。类似的过程似乎也影响了稀土元素的分布。但是，我们刚刚也提到，这些稀土元素通常是很难溶解的。是不是除水之外，还存在某种"X因子"在帮助它们运输呢？

产油区

稀土元素之所以能突破常态，被大规模运输，肯定有另外一种现象的参与。虽然目前证据仍有不足，但我们猜测这种现象促成了通常不易移动的稀土元素的大规模输运，因为此时，鹅卵石及其周围的地层处在"生油窗"（适合生成石油的深度与温度条件）。

一个世纪以来，石油对我们的生活影响深远。它是最方便的能源，容易从地下开采、运输，可控性也很强，是现代文明的首选燃料。当然，它也有缺点——碳被燃烧以后，总要排放到某个地方。但是，石油的诱惑实在太大，以至于到目前为止，缺点常常被选择性地忽略。许多人一直对石油有着浓厚的兴趣，也想了解石油多年前在地下深处诞生的方式。

我们的鹅卵石也在生产石油，不过可能只有一小勺。它和独居石一样，都是在地下一到两千米处开始产油的。这里的温度已经上升到足以缓慢、温和地煮沸泥浆中的浮游生物残骸。有机分子已经在忙碌的微生物作用下，从生物体的复杂结构中分解出来。现在，它们又进一步分解，形成大小刚好足以保持液态的分子碎片，种类繁多，从棒状的烷烃到环状的环烷烃，还有少量芳香化合物——含有苯环独特的六边形结构的化合物。较小的碎片则以气态的形式存在，就是天然气，其主要成分是甲烷，也有一些乙烷、丙烷和丁烷。

经过持续数百万年的自然蒸馏，石油和天然气从浮游生物的化石残骸中缓慢释放。不过与其用时间来衡量，我们不如用温度和深度的变化来说明这一过程。随着鹅卵石岩层从海床以下约2千米深缓慢下沉到约5千米深，它们的温度也从约80摄氏度上升到了约150摄氏度。过了这个深度之后，石油的形成过程就基本结束了（浮游生物的能量已经都被提取出来了），而天然气还会在继续下沉的一两千米内继续生成。当岩石穿过"油窗"和"气窗"之后，化石燃料的生产就到此为止了。最终留在鹅卵石岩层中的主要就是一些变黑的碳壳，大部分是石墨和无定形碳。经过分析，这一岩层的碳含量大约在1%~2%。相比之下，未经过"油窗""气窗"的原始泥浆，其碳含量可能达到或者超过了10%，其中大部分都形成了石油和天然气。这真是自然的精心安排。

那么，石油会跑到哪里去？它会上升，不仅因为它受到了泥浆的挤压，还因为它的密度比水小；在水和石油以任何比例混合而成的溶液中，石油都会上升。如果遇到颗粒之间空隙较大的地层，比方说砂层或砂岩层，它就更容易通过这些更宽敞的地下通道了。有时，石油和天然气会一路返回地面，在海床上的某处以烃类渗漏的形式出现。如今，烃类渗漏滋养着很多动物和植物，它们的生存依赖于长期被掩埋的碳元素的回归。而这些动植物群落也是将那些被埋藏数百万年的石油和天然气重新纳入地球表面碳循环的第一步。

石油是如何运移的？这个问题很难回答。无论根据印象还是根据现实，石油都比水黏稠。石油会形成细长的小油滴，石油工人叫它们"油虫"。这些小油滴必须挣扎着从致密泥块之间的微小缝隙中上升，有着堪比逃脱大师胡迪尼的逃生技巧，我们目前还不清楚石油具体是如何实现这一点的。如今，石油正在世界各地形成和运移，例如，在墨西哥湾的深处。不过在现有技术条件下，我们很难密切监视这一过程（也很难有耐心跟踪全程），也无法检测和记录石油的确切运移方式。有观点认为，有部分石油是喷射出来的，石油的伙伴天然气产生的压力暂时挤开了颗粒之间的微小通道，使"油虫"能够挤过这些通道，到达越来越高的位置。这是有可能的。

注视着这枚鹅卵石，就相当于注视着地球的诸多奥秘之一。因为这枚鹅卵石不仅自己产生了几滴油，还允许更多的油滴通过它，从深处地层流向地表。而油滴在通过时，不会不留下任何痕迹。鹅卵石中包裹着沉积颗粒的部分碳元素，可能就是更深层的石油经过鹅卵石岩层的残留物。我们再一次看到，鹅卵石的形成过程是很复杂的。

而带着这枚鹅卵石微小贡献的石油和天然气，也可能会被困在地下的某条死胡同中。比如说，"油气小队"可能从下方穿入了一层厚重的砂岩，而砂岩被一层太厚且不透水的泥岩完全包裹，使得"油气小队"无法向上渗透。这样一来，就有一片油田滞留在地下，直到其上方的岩石被侵蚀殆尽，使其在数亿年后突破至地表。也可能，在此之前，地下储层就被地层运动破坏了，石油也能逐渐回流至地表。话又说回来，这些石油并不一定能得到妥善保存。如果储油区离地表太近，深度还不到一千米，那么它可能会进入那些贪婪渴食的微生物的活动范围，当微生物从中提取一些营养物质时，石油就会酸败。至少在目前的条件下，酸败的石油无法被人类利用。

无论如何，威尔士的石油对人类来说已经没有用处了。在煤炭沼泽和恐龙时代，这里很可能是一个可以与中东相媲美的产油区。毕竟，沙特阿拉伯的主要石油来源就是沉积在缺氧海中形成的富含志留纪有机质的泥岩，这与威尔士中部的地层完全相同（顺便说一句，阿拉伯的笔石也非常漂亮）。不过，威尔士的油藏早在数百万年前就已经破碎、被侵蚀了。也许还剩一点儿？石油公司偶尔仍会在威尔士各地试着钻探油井，希望能发现一些剩余的石油，但目前为止都一无所获。

不过，石油的大规模逃逸可能会在鹅卵石中留下另外的踪迹，也就是地质学家一直热衷于寻找的那些带有时间印记的踪迹，它们能告诉我们石油的逃逸是在什么时候发生的。人们对时间印记的相关研究仍然抱有希望。它的关键在于石油渗漏与另一种巨大的化学变化——稀土元素的迁移和地层中独居石的结晶——之间的联系。回想一下，我们不正是在寻找协助稀土在泥浆中迁移的"X因子"吗？它会不会与石油在岩石中的运移有关？

稀土元素也许不太起眼，但学界一直在研究它们，最近更是兴趣大增，因为它们是某些高温超导体的关键成分。这里的"高温"可能指零下 100 摄氏度，因为超导体通常在更低的温度下工作。如果超导体能在接近室温状态下工作，那么人们的用电损耗将大大减少。如果稀土是室温超导体的关键成分，那么鹅卵石中的独居石也许会成为更为人追捧、更有商业价值的商品。

少有人知的稀土元素研究课题之一，就是研究是什么原因使稀土较易溶于水。研究发现，水中有机物的存在是一个促进因素。其中，烃类分子可以与稀土原子结合形成配位化合物，使得稀土元素更易溶解。在石油运移的过程中，这种可移动的有机分子大量存在，它们能将稀土从浅色浊积泥中捎带几厘米，转移到富含浮游生物的深色泥层。而在深色泥层里，稀土被困住，固定下来，成为如今在岩石（和鹅卵石）中仍然可见的晶体。

日复一日

独居石晶体中蕴藏着时间的痕迹。不过，这里的时间并不似锆石中的简单而精确，而是一种狡猾的时间，一种试图误导我们的时间，一种微妙且颇具古怪幽默感的时间。每块独居石晶体中都包含两座时钟。其中第一座比较明显，但也极具误导性。稀土元素钐有一种放射性同位素，其衰变速率恰好适合作为测量深时的原子钟，因为它恰好可以转化为另一种稀土元素钕的同位素。这两种稀土元素都存在于独居石中，而且数量相当大。

到这里，你可能会认为这是一座完美的泥岩原子钟。不巧，这里还有一个重要的问题。我们可以仔细地分析母体钐和子体钕的含量，并通过了解一种元素转化为另一种元素的速度（半衰期）来计算出晶体形成的时间。然而，这样的方法得出的答案是，晶体形成的时间要比它所在的泥岩形成的时间早了一亿多年。这显然是无稽之谈，其中必有蹊跷。

背后确实有原因：独居石的结晶过程十分微妙。如果你仔细观察独居石中钕的组成，也就是其不同同位素在整个晶体中的比例，你会发现，晶体内核中由钐产生的钕同位素会明显多于晶体外围。这些额外的钕是在晶体形成时由于某种外界因素干扰而添加到晶体中的，看来是它拨快了时钟。我们还不知道时钟被拨快了多少，因此这座钟虽然迷人又复杂，却毫无用处。不过，它确实说明，我们要掌握幽灵般的地质年代，将会面对很多陷阱。

幸运的是，独居石里还有另一座时钟。和锆石一样，独居石在生长过程中也会吸收少量铀，而铀会衰变成铅。所以通过这个放射过程，我们也可以推测晶体形成的时间。独居石的含铀量极低，但刚好够我们测定铀和衰变产生的铅的含量。这种测年法的精度尚待提高，无法与锆石测年那不到 100 万年的精度相媲美，不过它仍为我们提供了独居石在约 4.2 亿至 4.15 亿年前形成结晶的重要信息。另外，若其结晶过程受到石油运移的影响，这一数据还能为我们提供石油生成的时间线索。

鹅卵石是一个现已消逝的地下世界的缩影，这个世界的四维复杂性几乎无边无际。在它演化的这一特定阶段，它的特性不仅显现出微小的成分变化，比如碳化合物含量百分之几的改变，以及稀土元素极微小的占比，也体现在泥浆的整体构造发生改变，逐渐向岩石转化。

　　在千米级的深度条件下，压力、高温和地下流体的催化作用使得颗粒物质发生了一系列转化。原本的长石颗粒已不复存在，它被分解成了黏土。石英颗粒的边缘正在溶解，特别是在高压区域（这些区域承受着上方数千米厚的地层重量）。在这一过程中，二氧化硅溶解进入溶液，在压力较低的附近区域再次析出，围绕石英颗粒形成胶结物，将颗粒黏合在一起。

　　细腻复杂的黏土颗粒也在发生变化。它们在生长。或者更准确地说，一些颗粒在以牺牲其他颗粒为代价而生长。颗粒的分子晶格在不断重新排列，有一些被分解了，有一些则加入了新的结构。原本数量众多、微小、粗糙、不整齐的颗粒，现在变成了更大、更厚、更有序的晶体网状结构。这是一个缓慢的过程，它将演变成与造山运动相关的成熟的变质作用。这也是一个地壳本身被削减的动态过程，但在这里，地层只是在下沉的海平面下几千米的地方"炖煮"颗粒，更多沉积物则涌入了消失的阿瓦隆尼亚大陆的海岸线。

　　黏土中的一种特殊变化具有深远的影响，或者更确切地说，这种变化将会推动一种更深远、完全不可见的岩石变化，也将为另一座计量地球历史的原子钟提供部分动力。在这座原子钟中，鹅卵石构成了一部分，但与其主要机制无关。

这种特殊变化体现在蒙脱石这种黏土矿物上。蒙脱石很常见，它是火山岩的标准风化产物。这种矿物中含有水分子，与矿物结构松散地结合在一起；随着环境的变化，这些水分子也会被吸收或者释放出来。在给房屋打地基时，我们通常不希望地基下的土壤含有过多的蒙脱石，因为它们的存在可能导致地面在夏季脱水收缩，而在冬季吸湿膨胀，这样一来，建好的房屋也会跟着上下起伏，很不安全。

在距地面大约2千米的深度，蒙脱石的结构开始瓦解。它们会从被腐蚀的长石碎片中吸收更多的钾，从而转化成另一种黏土矿物——伊利石。蒙脱石矿物结构中的水分子被释放出来，增加了流经岩石的流体量。这种额外的流体脉冲具有一定意义，因为它有助于解释威尔士泥岩中出现的一些独特纹理图案。

泥岩中的另一座原子钟涉及铷元素。铷的一种同位素具有放射性，它会衰变成锶的一种同位素。想要通过这座原子钟测年，就需要从相隔不远的地方采集若干样本。因此，单单一枚鹅卵石就不够用了，我们需要来自相近岩石的几枚鹅卵石才行，这实现起来有一定难度。如果铷和锶的比例在图表中以等时线的形式很好地排列起来，我们就可以得出相关同位素最后一次均匀混合在一起的时间——这座原子钟的重置时间。

在威尔士，科学家曾使用铷–锶原子钟来精确测定一次特殊的地质事件时间。我们的研究目标——鹅卵石，直到目前还处于这一地质事件的进程中。该事件就是威尔士山脉的构造事件。人们认为，这是唯一重大到足以彻底重组像房子那么大的岩石中的同位素的地质事件。

在对威尔士岩石的分析中，人们确实发现了铷元素和锶元素的重组。不过，时间点似乎不对。铷–锶测年法测得的造山事件时间比其他测年法测出的时间早了近 2 000 万年，与独居石结晶事件发生的时间基本相同。难道是威尔士这一地区的山脉形成得更早吗？这不太可能（后文将会详述）。那么，是不是有其他物质先于造山运动彻底重置了铷–锶原子钟，让随后的造山运动都没留下影响？人们普遍认为这种解释更合理，并开始关注岩石中的蒙脱石在转化为伊利石的过程中，受压脱水而释放出的流体脉冲。

流体脉冲的效果十分微妙，看不见也摸不着，但它仍彻底完成了某方面的化学混合，其规模之大再次凸显出地底这个陌生世界的活力。地底世界离我们很近：如果道路畅通，而且我们有像马戏团那样可以在竖直墙壁上行走的鞋子，那么只需向下行走几千米即可到达，甚至花不了一个小时。但是，要想看清那里究竟发生了什么，我们就必须造出灵敏的探测器，关注同位素、流体最细微的变化，需要使用压力传感器及温度传感器，当然还需要时间来观察、记录，并思考这成千上万年里留下的记录。人类不适合执行此项任务，好在地层中保存的这段历史形成了化石遗迹，被包裹在我们这枚鹅卵石中。

在这一阶段，地层中组成这枚鹅卵石的物质已经是岩石了。如果有人穿越时空回到过去的对应地点，把它挖出来，我们会看到它与如今的形状接近，高度和现在差不多，但会比现在更胖。此时，它已经承受了来自上方的巨大压力，但还没有受到其他方向的挤压。如果用锤子敲它，你将听到"叮"的一声脆响，这块岩石会沿着沉积层干净利落地断裂开来，有时还会露出那些美丽的黄铁矿化的笔石。（若是如今能以这种方式发现这些笔石，古生物学家真会轻松多了。）

此时，这枚鹅卵石将会在深邃的黑暗中度过一段时间。在近 2 000 万年的时间跨度里，它基本上不会发生变化，除了黏土矿物会逐渐积聚，更紧密地结合，使岩石质地更加坚硬。它被这片深邃所困，等待着另一次转变。因为一块大陆正在南方悄然逼近。未来，非洲将在这枚鹅卵石上留下印记。

第 11 章

造山行动

板岩制造者

平静的 2 000 万年很快过去了，鹅卵石躺在海底大约 3~4 千米的深处，享受着难得的悠闲时光。岩石仍在结晶，但速度非常缓慢。大部分水已经被挤出，岩石中几乎没有液体流动。在这个深度，温度高达 100 摄氏度以上。鹅卵石处于无菌状态，已经没有生命的存在。

现在我们的时空之旅到了泥盆纪，距今不到 4 亿年。地表一直在发生变化，但这些变化对鹅卵石的影响微乎其微，仿佛是另一个星球上发生的事情。在海洋里，笔石的演化仿佛过山车般大起大落，时而多样性大爆发，时而举步维艰，只能勉强生存。不久，一场致命的灾难降临了，它们很快灭绝，消失在深海中，而在此时，鱼类却开始在海洋、河流和湖泊中大规模增长。在陆地上，植物也在疯狂演化，让陆地被绿色覆盖。

这些变化都不会对仍在地底的鹅卵石产生影响，不过很快就会有影响了。鹅卵石上方的海洋逐渐变浅，被陆地侵蚀的沉积物填平，到了数百万年前，这片海域终于演变成了一片广阔的沿海平原，河流纵横交错，而它也即将隆起形成山脉。如今，这片山脉虽然不复往日壮阔，但仍然可供攀登。

为什么用了这么长时间？阿瓦隆尼亚北部的巨神海，在5 000万年前曾宽达1 000千米，却在2 000万年前几乎消失，洋壳滑入苏格兰和北美洲北部的大陆下面。但是，就阿瓦隆尼亚而言，几块大陆就像是整齐地滑到了一起，只让阿瓦隆尼亚的地壳发生了轻微的变形（实际上，这些陆块在一定程度上是从侧面靠近，并没有发生正面碰撞）。造山的力量是否仍然来自北方，只是存在某种神秘的作用力，像钳子一样牢牢将这些陆块握紧在一起？

还是说，造山的力量来自南方？这种可能性更大。这是因为，阿瓦隆尼亚与以如今的非洲为主的冈瓦纳大陆的分离已经持续了大约两亿年，它们相距数千千米，而这场分离即将结束。在阿瓦隆尼亚以南，宽阔的瑞亚克洋也即将消失。越来越多证据表明，阿瓦隆尼亚与冈瓦纳大陆，更准确地讲是与当时伊比利亚（现在的西班牙）和阿摩里卡（主要是如今的法国）对接的时间，似乎与威尔士造山运动的时间相吻合。

鹅卵石的结构即将经历最后一次巨大的转变。长期以来，它一直处于压力之下——但这种压力仅仅是上面大量地层的重量

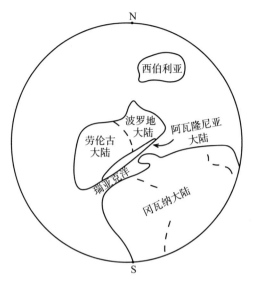

图 8　泥盆纪时阿瓦隆尼亚大陆的位置

带来的。这种压力把它压扁了，几乎把它压干了。由于它被限制在地层中，它能感受到这种压力从四面八方而来，就像一位深海潜水员向深海下潜时感受到水的压力一样。但从现在开始，它受到的压力将会发生变化。

在地球深处缓慢移动的地幔流的推动下，阿瓦隆尼亚和非洲所在的地壳相互挤压，这些大陆的地壳产生褶皱，逐渐变厚，尤其是在碰撞区域的周围。即将诞生的鹅卵石会感觉到来自侧面的持续、定向的压力，就像被一把巨大的钳子挤压一样。左边的钳嘴在西北方向，右边的则在东南方向，这是根据威尔士今天在地球上的位置测算而来的。

鹅卵石开始随着地层形成的巨大的褶皱而左右摇摆、上下起伏（见插页图 3D）。我们无法在现在这枚小小的鹅卵石上观察到这种褶皱，但可以抬头看看悬崖，某些褶皱甚至可能和悬崖本身的大小相当。如何将又硬又脆的岩石折叠起来？答案是巨大（显而易见）并且缓慢施加的力量。如果压力施加得太快，岩石就会断裂，产生地震般的破坏性冲击。这种断裂在悬崖峭壁上随处可见，这里的地层曾发生过剧烈的错位。但在平缓而巨大的压力下，地底深处处于高温高压状态下的岩石也会慢慢流动。这就类似于冰川冰既可以向下流动，也可以产生巨大的冰隙，或者举个更通俗的例子，小朋友玩的橡皮泥既可以拉伸也可以裂开，这些都取决于施加压力的方式是剧烈还是平缓。

鹅卵石的温度也越来越高了。这并不是因为褶皱将它向更深的地方推了（虽然这也可能会发生），而是因为随着地壳的横向缩紧，整个威尔士大小的地层在纵向上都变厚了。就像天冷的时候盖上厚被子可以保温一样，加厚的地层更能保留住地底的热量。上升的陆地（鹅卵石沉积的海床）现在从西北到东南变窄了 1/10 左右，最终可能会变窄 1/3。在这部分加厚的地层中，热量正在不断增加，温度缓慢地攀升到 250 摄氏度。

现在，鹅卵石终于被挤压成形，接近现在的形状。和海滩上的大多数其他鹅卵石一样，它基本上是圆盘状的，这也反映了岩石分裂成板状，而其边缘部分随后被海浪打磨得圆润的过程。但这些石板并非层状板岩，因为其层状构造的条纹并非与其表面平行，而是呈现出一定的倾斜角度。这些石板反映了表面的分裂，它们是由不断生长的山脉塑造的，就像泥岩变成板岩一样。如果愿意，我们可以用锤子和凿子将鹅卵石进一步分裂。以前在威尔士板岩的古老矿场，手工制作屋顶瓦片的工匠可以把石片的厚度打磨到比 1/4 英寸还少。然而，这种方法可能不适用于鹅卵石，因为鹅卵石中混有一些砂层，可能会干扰分裂过程。更何况，老工匠的技术来之不易，也很难复现。不过，我们也可以从凿子凿出的一些碎屑中找到几个薄片，并将它们打磨到几毫米厚。

所以，在新的山区地带的根部，随着产生的褶皱增多，鹅卵石的微观结构也发生了变化。持续的横向压力透过整片岩体，作用到无数的片状云母上。在此之前，这些片状云母大多和落下时一样平躺着，与海床平行。现在，这些云母开始改变自己的位置，使自己的方向与外力成直角。这就像用手去推一张纸的边缘，它会弯曲，直到纸面与你的指尖相贴合。

重新定向是沿着垂直于持续压力的平面进行的，（至少）最初在这些平面之间是未转化的云母。这种平面结构（岩石很容易沿着它裂开）被称为构造劈理，或者板劈理（如插页图 3E 所示）。随着热量和压力的持续作用，越来越多的云母被重新定向，直到最后全部重新定向。从理论上讲，在这个彻底转变的阶段，你可以沿着劈理面继续劈分岩石，几乎可以劈分到无限薄，不过要做到这一点，需要达到甚至超过古代威尔士板岩矿工的高超技艺。

这种重新调整非常复杂。云母可以机械地旋转，也可以重新生长、溶解并重新结晶，从而与压力方向垂直。它们也可以弯曲，然后折叠，而一旦其中一片折叠了，上面的一片云母也倾向于折叠，然后再上面的一片也会折叠，反复如此，直到形成一个微小的垂直折叠云母堆。地质学家称这种现象为褶劈，它在微观上模仿了悬崖上的巨大褶皱。

要实现这一切，仍然需要水的参与。令人惊奇的是，经过过去 2 000 万年的挤压和加热，岩块中仍然残留着一些液体，虽然含量只有百分之几，但足以让矿物在分子尺度上发生多次溶解和沉淀，实现岩石的转变。另外，更神秘的是，似乎还有足够的流体可以将部分岩石喷向天空。

入口与出口

泥岩一旦变成板岩，体积就会变小。部分研究认为，泥岩损失的质量可达岩石质量的 1/5。损失的质量中，一部分是二氧化硅，它以溶液的形式被带走。这些溶液是如何流动的？这个问题比泥岩如何排出石油更难解。劈理面可能是潜在的运输通道，允许流体和溶解的矿物质向上流动。可是，如果它们真的是通道，它们的厚度几乎为零，甚至还被造山运动的各种力量压在一起，这些物质又是怎样通过的呢？这是鹅卵石光滑外表之下的另一个奥秘。

还有一个问题是，这些物质会流向哪里？其中一些在岩层中向上移动了一段距离，填充了矿脉和裂缝，后文将会进一步解释。也有些物质可能流向了更远的地方。在今天的山脉中，有一些泉眼带来了从地壳深处涌出的矿泉水。威尔士山区也有类似的泉水。人们可以在矿泉水瓶的标签上看到这些矿泉水所含的元素：硅、镁、钙、钠等，也许还有一些更奇特的元素，比如汞（我曾经随手买的一瓶矿泉水中就含有汞）。所有这些矿物质都是从地层深处被挤压出来的，它们滋养了地球40亿年来的首次陆地植被生长，塑造出丰富多样的地表地貌。鹅卵石可能也为创造绿色宜人的景观做出了微薄的贡献。

这是一个奇特的环境，位于山根下的高压夹缝中。探访这个区域并采样，比探访火星表面还要困难得多，但其中的地质过程对塑造我们的地貌和构成地貌的岩石起着至关重要的作用。要知道，威尔士山脉展示的只是地球内部世界的边缘地带。更大的山脉带，如阿尔卑斯山、安第斯山和喜马拉雅山，能够揭示出地球内部世界更深层次的奥秘。在这些地区，地层中的温度上升至400摄氏度、500摄氏度，甚至600摄氏度，而压力则达到威尔士板岩的两倍乃至四倍。遭受剧烈挤压的岩石面目全非，部分甚至达到熔化的程度。

这枚鹅卵石也许并不能代表最宏大的造山运动所展现的地球内部变化过程，但它也包含了无数线索，让我们了解压力如何通过岩石传递，并改变其复杂的矿物结构。例如，用放大镜观察它的表面，可以看到数十个浅色斑点，和海滩上的沙粒差不多大，散布在深色的泥岩表面。在显微镜下进一步仔细观察，这些斑点原来是大块的云母晶体。鹅卵石的内部有成千上万粒这样的晶体。不过，这些云母晶体并不像河岸和海边那些经常被冲刷得又薄又亮的云母片，能让河岸和海边的沉积物看起来闪闪发光。鹅卵石中这些奇怪的晶体形状像桶，高度大于宽度，竖立在岩层表面（见插页图4A）。

这些桶状云母是造山运动的另一个结果。最初，它们是沿着层理表面沉积的典型的扁平云母片。随后，当岩石受到横向挤压时，分子晶格的片状层被迫分离，使带化学成分的液体进入片状云母内部。这些流体随后在原始云母内部形成了额外的云母，让云母变厚。这一过程反复进行，使云母颗粒增大到原来厚度的10倍或更多。这种现象就好比在原来的书页之间逐渐插入数以千计的额外书页，将一本薄薄的平装书变成了厚厚的大部头巨著。让云母"书"体积增大所需的物质从何而来？它们必然是从岩体的其他部分迁移而来，经过了某种特定的化学输入和输出过程。但是，这种迁移的距离是以毫米计还是以米计，目前我们还不清楚。

然而，在侧向得到保护因而未曾承受毁灭性压力的鹅卵石区域，云母保持了原有的形状。大约2 000万年前，一些云母被不断生长的独居石晶体所吞噬，它们就像是找到了一个避风港。独居石的作用就像嵌在橡皮泥中的钢珠轴承，而橡皮泥正被一个精力充沛的孩子用力挤压着。当周围的泥岩变成板岩时，这些云母并没有变形。在坚硬独居石的怀抱中，它们仍然像几百万年前沉降在志留纪海床上时一样，又薄又平整。

时间的阴影

鹅卵石中还有其他物体也抵挡住了造山运动的压力。充满黄铁矿的化石，也就是那些像金色棍子一样的笔石，无法被压扁或弯曲。不过，它们可能会断裂，这类岩石中，有许多笔石都在最薄弱的部分断裂了。构造压力可以把化石搞得四分五裂，碎开的各个部分要么被小间隙隔开，要么相互堆叠，这取决于造山运动的力量是拉伸还是挤压。这对可怜的古生物学家来说又是一幅高难度拼图，他们只能尝试把这些碎片重新拼在一起，以推断原始动物的形状。唯一的安慰是，在每个部分中，坚硬的黄铁矿都忠实地保护了腔室的详细形状，使其免受岩石变形的影响。

构造挤压还产生了另一个效应，它让化石显得更为神秘，也增加了解读其经历的复杂性。它在鹅卵石中嵌入了另一个计时器，使我们能够确定威尔士山脉（及这枚鹅卵石）何时被抬高。这个计时器经历了奇异的扭曲过程（因此它需要一点儿运气才能被发现），这扭曲本身似乎在告诉我们这些山脉是如何被抬高的，尽管我们还没有具体了解。

发掘出这些笔石的过程可谓费尽周折。每块笔石外都包裹着一层白色的易碎物质，厚度可达一毫米（见插页图 4B）。这层物质由云母构成，古生物学家试图获取里面的化石时，通常会牺牲掉这层物质。云母涂层的外表面也忠实地保留了化石的形状，但在慢慢暴露出化石时，要想让这层脆弱的矿物外壳完好无损，就需要更多的技巧、耐心和运气。（操作者可能会一边揉着酸痛的手腕和肩颈，一边蜷缩在显微镜前喃喃自语：生命实在太短暂了……）对古生物学家来说，云母涂层是个麻烦；可对地质年代学家来说，它就像黄金那样珍贵，毕竟他们要从岩石中推算出数百万年的数字。

对于这种涂层，有一个简单的解释（不过这个解释是错误的，仅仅是抛砖引玉）：当坚硬的、充满黄铁矿的笔石受到造山力量的作用时，它的反应与包围它的泥岩不同。回想一下钢珠轴承在受到挤压的橡皮泥当中的情景（其实，充满金属的笔石更像是一根坚固的钢钉）。如果亲手尝试把橡皮泥用力压向钢珠轴承，你会发现在受压部位的上方和下方，橡皮泥实际上是与轴承分离的，二者之间存在一道小缝隙。这就是构造地质学家所说的压力影，也就是受力区的保护地带。这种情况也出现在剧烈变形的山根深处，在发生更具可塑性变形的泥岩或板岩中的刚性物体周围，压力影中会出现空隙。

这些空隙瞬间就会被富含矿物质的炽热流体填满。在笔石周围形成的空隙中，新的微小云母晶体从流体中析出。随着压力的持续作用，空间逐渐变大，先是充满流体，又充满矿物。我们可以通过云母晶体的形状来追踪它们的生长过程，因为它们通常会在末端形成晶体纤维而生长。纤维的形态能体现出新生云母填充空间的方式：例如，当笔石在微小空隙内缓慢旋转时，纤维也会随之弯曲，这是周围的构造压力带来的另一种影响。

这种解释很简洁，可惜它并不是事实，或者更确切地说，不足以解释所有事实。这在地质学乃至整个科学领域中都是常见的现象：我们时常遇到一些令人不悦的事实，扰乱我们对世界做出的整齐优美的解释。然而，这些看似丑陋的事实一旦被我们理解和贯通，便能极大地拓宽和深化我们的认知。它们帮助我们揭示地球运作的奥秘，甚至在最微小、最隐蔽的角落里也能展现出它们的存在和意义。

云母涂层不仅仅存在于具有坚硬黄铁矿填充物的笔石外。在承受过这种压力的岩石中，几乎所有的笔石外都有这种云母涂层，即使是仅存一层薄薄的碳膜的也不例外，而这层碳膜无论如何也不可能成为能够抵抗巨大压力的坚硬壁垒。而且，岩石中的一些其他坚硬物体，如贝壳碎片或黄铁矿晶体，周围确实有一层矿物涂层，但涂层不是云母，而是其他矿物，最典型的就是石英。这到底是怎么回事？

这里存在一个额外的因素。笔石中的有机物质似乎在高温、变形的岩石中表现出了催化作用，促使云母而非其他矿物结晶。这一现象反映了造山过程中特殊的化学选择性和矿物选择性，以及这一隐秘领域中反应的复杂性。有机与无机化学领域之间的这种密切关联可能具有更为广泛的意义。

当然，这对古生物学家来说意义重大。一些著名的化石也许是通向早期生命的窗口，特别是加拿大不列颠哥伦比亚省伯吉斯页岩中发现的古代软体动物，其表面闪耀的云母涂层一度被认为是化石死后不久长在其上（并保护了化石）的黏土残留。然而，对笔石的相关研究表明，云母并不仅仅在化石死后生长：数百万年后的地底，加拿大这些化石的碳化外壳也催化了云母的结晶。因此，仅凭云母的存在并不足以解释这些软体动物化石的良好保存（虽然云母的光泽确实使化石更加清晰可见）。要了解这些软体动物为什么会被保存下来，我们需要寻找其他原因——例如，它们可能被埋藏得很深，而且是在海底崩塌中突然被埋藏的。因此，鹅卵石中蕴含着许多信息，能够跨越半个地球和数百万年时光，引发共鸣。

即使对鹅卵石历史的叙述变得越来越复杂，并且如人们所希望和相信的那样变得越来越准确，它们描述的现象也可能仍然指向一些最基础的问题。比方说：威尔士山脉是何时形成的？这个问题很难直接回答。不过，在暴露出更多高温核心的山带中，由于矿物长得更大，那些含有有用的放射性元素（如铀）的矿物就可以被分离出来并接受分析，我们就有望得出它们的结晶时间，进而得出造山运动高峰阶段的时间。

威尔士板岩就没这么幸运了。板岩结构中的新云母确实有可能具备计时功能：其晶体中的钾元素具有放射性同位素，这些同位素会衰变为惰性气体氩。但是，考虑到这些晶体通常极小，并且在土壤沉积过程中与更为古老的矿物颗粒充分混杂，目前我们尚未找到合适的方式来获取足够纯净的样本，也就无法利用这种特殊的计时器。

不过，笔石周围的云母涂层似乎可以算作一种纯净的矿物，这种矿物在岩石受到巨大地壳压力的挤压后转变的过程中，在可达毫米级别（这个尺度对于精细分析而言算大了）的空腔中生长。人们首次尝试这种方法计算时间，就取得了非常精准的结果：这种矿物形成于 3.961 亿年前，误差在 140 万年左右。这对板岩来说是闻所未闻的精确度，几乎可以与奇妙的锆石原子钟相媲美；同时，这一结果也证实了造山运动与地层的深埋（鹅卵石的深埋）之间的巨大时间差距——独居石和铷-锶原子钟显示，造山运动发生在距今约 4.2 至 4.15 亿年前）。

难道云母就是解密造山运动时间的钥匙？没这么简单。研究者经过反复尝试与改进取得了一定进展，但并未再次达到如此高的精度标准——事实上，某些实验结果甚至看起来毫无意义。为了深入探究，我们投入了大量时间和精力，包括对只有 1 毫米厚的云母填充空间中一系列微小且紧密排列的点进行激光照射。研究结果显示，云母的某些部分确实显示了约 3.95 亿年的历史，但令人费解的是，还有一些规律出现的区域的诞生时间更早——甚至比岩石本身的形成时间还早几亿年。这些样本中氩元素的含量异常高。而在最初的研究中，我们恰好采集到了这种持续存在的物质的纯净部分。

这又是一次原子钟时间被拨快了的情况，但只有部分组件受到了影响，其他部件仍然运行正常，性能表现优异。这台时钟仍然可以使用，但我们必须极其小心地处理。这种部分"倒带"是因为晶体在生长过程中定期加入了过量的氩气。这一有规律的现象或许跟与造山运动相关的某种规律性活动有关，背后的原因可能是流体在通过变形岩块时产生的脉冲式运动。

这或许就是山带的心跳？好吧，这是鹅卵石中仍紧紧包裹着的又一个谜团。我们的工作还在继续，还有更多的工作要做。在围绕着这些化石的云母纤维中，偶尔会出现一种化学性质截然不同的纤维状晶体——独居石，我们之前也对它有所了解。一般来说，独居石在这种状态下很难结晶，而它的结晶就意味着，不知怎的，当化石周围几乎挤干水分的岩石发生变形时，一定有足够的流体偶尔流过这些化石，将这些几乎不溶解的稀土元素再次运送、结晶。这可能代表着又一座原子钟，可以用来确定造山运动的时间。但是，通过这种"构造"方式生成的独居石晶体非常小，所含的铀更是微乎其微。读取这种特殊的计时器将是一项艰巨的任务，也许是对下一代原子计数器（和科学家）的挑战。

我们已到达旅途的最远处，在这里，鹅卵石经历着前所未有的考验。它的形态几乎已经确定下来，如今它也是这样躺在我们手中。当然了，目前它的四周仍是坚硬的岩石，距离地表有数千米，距离地球深处则有几千千米。

在这片广袤的地壳中，它将在岩石的包围下度过近 4 亿年。与此同时，随着地壳表面上的山峦逐渐被风雨侵蚀，鹅卵石也会随之缓慢上升并逐渐冷却。地表发生着许多变化，或近或远，有些变化漫长而平缓，有些灾难性事件剧烈发生，但鹅卵石远离尘嚣，几乎没有受到任何影响。

在沉睡之前，鹅卵石的内部结构还需经历一系列调整。随着地壳的移动，挤压着威尔士地区的地壳"夹钳"逐渐放松，鹅卵石将进入一个特殊的区域，这里的岩石是断裂而非弯折的。这里正是威尔士的矿工们赖以生存的矿脉的发源地。现在，我们终于有机会一睹这原始金属工厂的壮观景象。

第 12 章

突破地表

岩石管道系统

作为金属工厂的一个"麻雀虽小，五脏俱全"的生产部门，鹅卵石所在的岩层能生产铜、银、锌、铅和金（真正的金，而不是"愚人金"黄铁矿）。它长约100千米，宽约60千米，深约6千米，如今被称为威尔士。威尔士矿工们历经数代，始终不懈地追寻这些金属，求之不得便深感沮丧。他们为此付出了无数心血，甚至是自己的一生。其实应该说是历经数百代，因为至少从3000多年前的青铜时代起，人们就开始热衷于寻找这些金属了，哪怕当时他们只能持着鹿角骨和圆形鹅卵石，在坚硬的岩石中采矿。

在地底开采金属并非易事：挖矿的通道往往十分曲折，金属的分布没什么规律，地底的环境更是危险重重。很多文学作品及歌曲中都描写过威尔士矿工，就连日本动画大师宫崎骏也在著名的电影《天空之城》中描绘了威尔士矿工的形象。宫崎骏的动画电影作品或许面向儿童，却总有耐人寻味的深刻内涵。那么，这样一个国家级的金属工厂是如何诞生的呢？一小部分线索就藏在鹅卵石中。

一道白色条纹横穿鹅卵石，同时穿过了岩层和构造劈理面。能够切割这两种构造的痕迹，必然相对较新。地质学极为看重有关时间先后的证据，从地质学诞生之初，在应用原子钟和化石时间区划来测算地质时代之前，就一直如此。尽管今天我们有了高级的原子计数器，有了馆藏丰富的图书馆和博物馆，但地质学家在遇到任何新的陌生问题时，首先应用的仍然是这种逻辑。

所以，这种更年轻的条纹究竟是什么？拿着放大镜观察，你会发现白色条纹其实是一条矿脉，即在岩石裂缝中生长的大量微小晶体。矿脉十分常见，即使是一只脚刚迈进地质学领域的新人也能一眼辨认出来。白色的矿物可能是石英、方解石、重晶石或石膏，它们乍一看非常相似，我们需要更加仔细地辨认。鹅卵石上的这条矿脉具有玻璃光泽和弯曲的断裂面，并不很沉重，耐酸性，也不会被钢刀划伤，因此它最有可能是石英。

为了寻找它的起源，我们必须回到温度和压力达到顶峰之后几百万年的那个时期。当上方的山脉被侵蚀时，鹅卵石所在的整个地层会随之上移，因此这些鹅卵石状的物质也跟着升高了。

图 9　岩石中的大型石英矿脉

这种现象被称为"地壳均衡"。想象一下，如果冰山的山尖融化，它的重心相较融化前会升高。地壳均衡的原理相同，只不过地壳上升的现象规模更大。上升到较高高度的岩层后，岩石的温度将会变低（再次下降到 100 摄氏度），也就更为脆弱，在周围应力的作用下更易直接断裂，而非弯曲。

岩石断裂的缝隙中，充满了从深层温度较高的区域排出的流体。在充满裂缝的大片岩层内流通时，流体不断与裂缝旁的岩石接触，不仅溶解了岩石中的某些成分（如二氧化硅），还溶解了泥岩中的少量铜、铅、锌，还有金和银。而当流体上升到更浅的岩层时，它会随之冷却，也就无法再溶解这么多的溶质了，[①]

---

① 　一般而言，溶液温度越低，溶解度越低，少数物质是例外。——译者注

因此，这些溶质将会在较浅岩层的裂缝中沉淀下来。在上面的例子中，石英将裂缝填满，当中也随处堆积了大量的金属矿石。

金属元素在转化为矿脉中的矿石前，通常会经过一种中继系统。它们主要以金属氯化物的形式在地下传输，因为这种形式下金属元素的溶解度较高。不过，它们往往以金属硫化物的形式沉淀下来。在复杂的地下管道系统中，含金属元素的溶液与含硫化氢的溶液相遇（这些硫元素可能来源于我们在鹅卵石中见到过的有机物富集层）。两种溶液混合后，金属与硫就会发生反应，并沉淀下来。

多么迷人！通过地质学家用来观察岩石薄片的普通显微镜，我们无法看到它们的美丽，因为金属硫化物是不透明的，在普通显微镜下只能呈现出黑色。但我们如果从上方而不是从下方打光，就能看到黄铁矿、黄铜矿、方铅矿和闪锌矿的那些明亮而温暖的色彩（见插页图4C~E），运气好的话，还能看到成色好的威尔士黄金的闪耀黄色。这里的矿物花园虽小，却绽放着最奇异的花朵。

仔细观察鹅卵石上的细小矿脉，里面可能有一两粒金属矿石，也可能没有。但矿脉中可能还蕴藏着更丰富的宝藏，那就是矿脉形成时的温度记忆。这些记忆保存在微小的水化石和气体化石样本中，而矿脉矿物就是在这些样本中形成的。通过这些样本，我们可以在实验室中重现消失已久的地下岩缝中的情况。现在，请你小心地准备一块石英矿脉的薄片，比用于分析的普通岩石薄片稍厚一些。然后，把它拿到内置加热器的特制显微镜下，并使用高倍镜观察它。你将会看到，石英晶体中禁锢着分散的液滴，而每个液滴中又包含着微小的气泡。

之后，你可以打开显微镜的加热器，继续观察。达到一定温度时，气泡会溶解回液体中而消失。这就是晶体在地底岩缝中生长时的温度，当时岩缝中截留了一小部分曾经溶解并滋养了晶体的液体。

如今，研究方法更为多样。我们可以用激光瞬间消散气泡，并将气化的元素送入质谱仪中，分析流体的成分——其中二氧化碳、钠和钾及其他元素的浓度。通常来说，流体为富含矿物质的卤水。通过仔细检查矿脉填充物中晶体的形状和化学成分，还可以进行更多的分析，以重现矿物填充岩缝时的情景。

这个过程可能并不平稳。实际上，它可能极具戏剧性，堪比一些科幻著作对地球地下世界的大胆想象。这里也许不像儒勒·凡尔纳所设想的地心，有着被神秘亮光照亮的洞穴，充满可以呼吸的空气，还有海洋、岛屿和恐龙，我们的英雄与它们展开激战。这个宏伟的构想是不可能实现的，无论凡尔纳小说中令人尊敬的李登布洛克教授如何坚称其存在。真实的地底世界充斥着液体，比如在深层矿井中，矿工必须不断抽水以保持干燥。同样遗憾的是，这里没有恐龙，而且再伟大无畏的英雄都无法挖穿地心。

我们偶尔也可以捕捉到石英矿脉运作的蛛丝马迹。经过非常仔细的分析，一些石英矿脉已被证实含有双尖晶体，这些晶体只在悬浮于流体中时才会形成。而只有当流体以足够快的速度（最高可达 1 米每秒）向上流动时，石英晶体才能悬浮在液体中，就像喷泉顶部那颗保持平衡状态、不上也不下的球一样。

因此，岩石的这套管道系统并不是被动地被流体缓缓填满，而是像希思·罗宾逊笔下那些结构复杂的装置一样，有临时的阀门和挡块。当压力积聚到一定程度时，阀门就会突然打开，使沸腾的液体汹涌而出；阀门打开后，压力骤降，这又有助于矿物快速（甚至是瞬间）结晶。某些地区的系统可以得到很好的调控，比如黄石国家公园中的老忠实间歇泉，其喷发间隔和持续时间非常有规律，是"高端"岩石管道系统的出色代表，尽管它是由火山而非地层加热的。

就像任何老式的管道系统一样，岩石管道系统经久耐用，同时也是间歇性运作的。它的历史可以追溯到很久以前，当时泥浆刚刚沉积下来，并在自身重量的作用下逐渐压实。不过系统中那些独特的石英矿脉以及其中的金属矿脉，大多是后期才形成的。

低保真度

这枚鹅卵石仍在继续经历各种事件和变化，不过能在它身上留下印记的事件并不多。例如，身处地底的它会定期受到地震的影响。无数次震颤在它身上回荡，震源有时较近，有时则很远。当然了，当山脉抬升时，它也会处于地震活跃区，某些局部地震威力巨大，放到今天甚至可以震动安第斯山脉或喜马拉雅山脉。这些震动本不会留下什么痕迹，就像足球比赛中观众的呐喊声穿过球场的墙壁，也不会留下印记。

不过，地震的确给鹅卵石留下了一些痕迹。就在产生地震的断层线附近，岩石可能会被划伤、接合或破碎。而且，地震在穿过易脆但没完全硬化的岩石（可以想象成蛋白酥）时，会产生一系列泥质裂缝。然而，这很难精确记录地震发生时地球的反应，保真度并不高。后来，人类发明了记录压力波传递细节的方法。随着技术不断进步，人们先后发明了78转黑胶唱片、磁带录音机、激光唱片机等，当然，还有虽然不那么吸引人但在地质学上更实用的地震仪，这些都是能记录压力波的"新型化石"。在过去的45亿年中，至少在太阳系中，还没有任何类似的先例。当你放松地聆听唱片机传出的卡拉斯或是卡鲁索的歌声时，不妨想想它们也是化石，这很有趣。

我们的鹅卵石经历过但没留下痕迹的这些地震是间歇性的。首先，第一波地震必然出现在构造运动抬升威尔士山脉的过程中，而在压力逐渐缓解的几百万年后，随着板块底层沉降，其余仍保持抬升，更多的地震可能随之而来。然后，在大约5 000万年后，威尔士地区陷入另一场构造挤压，鹅卵石所在地层可能又被向上顶起，南部的海洋部分沉入地球深处，引发更多地震。

我们无法从鹅卵石上看出任何端倪，因为鹅卵石表面在早先的沧桑中已经变得坚硬，这些新的压力几乎无法在它身上留下痕迹了——至少我们还没有发现。近 2 亿年后，当地壳对阿尔卑斯山的形成和大西洋的开辟做出反应时，它也无法保留任何有形的记录，最多有些局部的断裂和位移。例如，在北面几十英里处，现在爱尔兰海的一部分沿着一条主要断层线下沉了 3 千米多，并被比鹅卵石层年轻得多的泥浆填满。

世界另一端的强烈地震也会给鹅卵石带来几乎难以察觉的震动，就像如今伦敦或纽约的地震仪可以接收到来自太平洋等地的大地震的信号一样。还有另一种更强力的震动来源：每隔几百万年，就会有一颗大陨石撞击地球上的某个地方。6 500 万年前撞击墨西哥的那颗陨石被认为导致了恐龙的灭绝，至少整个地球都被它剧烈撼动了。即使在距离撞击地点 1 000 千米以外的地方，它也会使地层结构发生相当于里氏震级 13 级的震动，其威力甚至比地球陆地上的巨震还要大成千上万倍。当冲击波穿过时，鹅卵石物质虽然仍是地下岩层牢固的组成部分，但也会随之颤动。如果我们能再一次穿越时空，来到鹅卵石面前，我们一定会忍不住在它上面放置一个地震仪的传感器（配有超长续航的电池），去捕捉那些一闪而过的震动。

在这近 5 亿年的时间跨度里，这枚鹅卵石都在地底世界默默无闻，地表的大部分历史都与其擦肩而过。原本在它上方几千米处的地表世界，可能已经到了上万千米开外。地表世界天翻地覆，从最初的一片荒芜，转变为生机勃勃的景象。当鹅卵石被埋在足够深、足够热、足以提炼出石油的地层中时，身披厚甲的鱼儿正在阿瓦隆尼亚的河流里笨拙地游来游去，繁衍生息。过了一会儿（从地质学角度看），随着植物的蔓延，土地开始变绿。在鹅卵石被囚禁于地下 5 000 万年之后，石炭纪煤炭沼泽的茂盛植被在威尔士山脉周围蓬勃生长起来。当沼泽干涸，植物死亡，取而代之的是二叠纪和三叠纪时期的干旱沙漠时，鹅卵石依然无动于衷。大约 2.5 亿年前的二叠纪末期，地球上几乎所有的物种都在一场大灾难中丧生（这场大灾难至今仍是个谜，但很可能涉及陆地和海洋的大规模窒息）。这场灾难几乎完全再造了地球上的所有生物（它们从残存的碎片中演化而来），但鹅卵石同样没有受到任何影响。当侏罗纪时期重新出现的海洋拍打着威尔士山脉周围的海岸时，当恐龙（当然也包括凯尔特神话中的威尔士红龙）在威尔士的山丘上踱步时，鹅卵石也只是静静地躺在地底。

漫漫归途

不过，从某个时期开始，即便鹅卵石还在地底深处，它们也会开始"感觉"到地表。它所在的地层在逐渐上升，每过一千年就会抬升几厘米，因为上面的山脉已经被侵蚀掉了。上方岩层减少后，它们对下面岩石施加的压力也会随之减少。因此，下方的岩层不再被压得紧紧的，它们会放松下来，几乎难以察觉地向上扩展。即使是十分微小的体积差异，也足以在岩石中形成微小的裂缝——节理。这些裂缝向上延伸，进入压力更小的岩石层，不断向上，直到最终与表面充满节理的岩石相连接。

节理是流体的通道。此时，流体不再是从岩石中挤出的上升流体，而是变成了向下渗透的流体，来自落在被侵蚀的山脉上的雨水。雨水从地表带来了信使，例如溶解在雨水中的氧气——尽管一般来说，氧气在到达最深处之前就已经消耗殆尽了。此外，还有其他化学物质，比如从地表溶解的二氧化碳，更不用说水作为溶剂从流经的地表带来的物质了。

在缺席了数亿年之后，生命也将回归。微生物会在某一刻回来居住，即使还没有进入组成鹅卵石的物质，至少也会居住在裂缝、角落和缝隙中，也许缝隙只有几毫米宽，也许只有几厘米长。它们的生活并不轻松，这些微生物就像那些在下行旅程中坚持得最久的微生物一样，它们新陈代谢缓慢，富有耐心，足以在地下深处这些食物稀缺的环境中生存下来。

鹅卵石还能感受到其他变化。它会感受到太阳的温度。不过，想要躺在海岸上直接感受炽热的阳光，还需要再等上几百万年。在此之前，它的热量主要来自地球内部，四周包裹它的环境温度较为均匀恒定，它并不能感知到四季的分明变化。若要让鹅卵石感受季节更替、天气变化，还需要一段时间。

不过，天气并不等同于气候。地球气候的变化幅度更大、周期更长，相比于夏季炎热和冬季严寒的快速更替，气候变化会更早到达地下鹅卵石处。在数百万年前，这枚鹅卵石也许就在地表下几百米处。在接近地表的过程中，鹅卵石会冷却，地表附近的循环水会带走它的热量。而地球表面的热量或者寒意也会逐渐渗透到鹅卵石所处的位置。

当时，地球气候正在发生变化。这些变化向下作用到鹅卵石上，并将继续塑造这枚鹅卵石，使它脱离包裹它的地层。当志留纪海床上形成以后构成鹅卵石的颗粒时，海床的位置远在赤道以南。而现在，鹅卵石再次接近地表时，却出现在了遥远的北方。它将遇到的变化是北方的气候变化，而且是后来才出现的变化。如果这枚鹅卵石是在世界的另一个地方形成的，那么它所在的地壳可能会被地球深处那些几乎是固体的岩石的对流带到南方。那样的话，气候变化可能会更早地影响到它。

在地球最近的一次冰期中，冰最早于距今 3 000 多万年前出现在南极洲，南半球的大部分地区从那时起就一直处于冰封状态。在北半球，大规模的冰出现得较晚，约在距今不到 300 万年前。这一时期标志着全球两极冰川作用的开始，它塑造了我们现在生活的世界。随着巨大的劳伦泰德冰盖的扩大（据说，这是由于季节性的北太平洋温暖海水的水蒸气被吹过寒冷的北美大陆，形成了"雪枪效应"），以及格陵兰和斯堪的纳维亚的冰盖不断扩大，寒意也随之蔓延开来，并在苏格兰、奔宁山脉和威尔士的山丘上形成了冰层。

对鹅卵石来说，这些厚达几百米的冰层会产生额外的重量，使它停止向上运动，甚至在一段时间内迫使它和它所嵌入的地壳向下运动。但是，如果冰的生长量较小，而天气又非常寒冷，那么地面（或者说地表的任何水分）会冻得非常坚硬。这种冰冻最终会渗透到数十米甚至数百米的深度，如同今天西伯利亚和加拿大巨大的永久冻土带一样。被土壤和植被覆盖的数十亿吨永久冷冻的岩石需要数千年才能形成，哪怕气候变暖，也同样需要数千年才能解冻。只有冻土层的最上面1米左右的厚度，也就是"活动层"，会在每年春天和夏天轻微融化，然后在漫长的秋冬季再次冻结。

在英国的地貌中，冰河时期中冰期阶段的永久冻土层消失的迹象很常见，如受干扰的土壤（活动层的化石遗迹）、曾经生长过巨大冰丘的圆形凹坑、因地面冻结和收缩而形成的独特裂缝。几乎可以肯定的是，鹅卵石层在过去100万年左右的时间里曾在地表附近被永久冻土层覆盖过——也许不止一次，因为冰河时期曾有过多次冰期。而且，由于永久冻土的形成和解冻都很缓慢，鹅卵石的状态（冰冻或温暖）与上面的气候是寒是暖并没有直接关系。因此，地底岩石的温度会随着地表的温度缓慢变化，有许多年的延迟。实际上，我们可以逆向思考，利用这种延迟，在钻孔中测量地下的温度结构，并根据冷流和暖流穿过（和正在穿过）地下的方式重建气候的历史。

因此，我们可以说，地下存在着某种缓慢移动的"天气"，与地面的气候变化相辅相成。鉴于鹅卵石已经如此接近地表，它的上升和最终到达地表都会受到气候的影响。事实上，冰期的寒冷和冰冻可能加速了鹅卵石的上升。虽然冰很重，会把柔韧的地壳向下压，但它也是一种磨料，会磨损构成地壳一部分的山脉。当这些山脉变成碎石，并以泥砾、沙砾的形式被带到较低的地方时，地壳就会上升到更高的位置来进行补偿，因此鹅卵石层会加速升向地表，加速它与风雨侵蚀作用的相遇。

当岩石还在地下时，寒冷就开始了侵蚀过程。在形成永久冻土的过程中，地下水变成了冰。冰的密度比水小，这一现象显而易见。只要把空的牛奶瓶放在下雨天的屋外，夜里急剧降温到冰点以下后，你就会发现冰突出了瓶口。但水其实很特殊：其他大多数材料在凝固后密度会变大，结构会更紧凑。然而，对生命的历史来说，这是十分幸运的，因为如果冰沉下水底而不是浮在水面上，海洋就会变得更加荒凉。在那样的世界里，海底会形成一层厚厚的冰，而其上未冻结的水将会起到隔热作用，阻止冰层融化，并对海底产生压力，使冰层生长并逐渐填满大部分海盆。在那样一片类似于海底南极洲的海洋中，微生物无疑可以找到应对的办法，但很难想象有类似龙虾、贝壳或海豚的生物能在这样的环境中演化出来。

水的这种独特的物理和化学性质使复杂的多细胞生命得以演化出来。不过在这里，我们对它的破坏性更感兴趣。当水在地下裂缝、空洞和颗粒之间的微小空隙中结冰时，冰的膨胀力量巨大（远大于挤碎一个小小牛奶瓶所需的力量），能让现有的裂缝被挤得更宽，也让新的裂缝形成；而当冻土层再次解冻时，渗入的水会接着填满这些裂缝。在永久冻土层深处，冰冻—融化的周期长达数千年。只有在更接近地表的地方，岩石才会更快地对不断变化的冷暖环境做出反应，冰冻—融化循环也会发生得更快、更频繁。这种"预断裂"方法具有显著的效果，断裂模式决定了地表岩块的尺寸与形态，而进一步的破碎过程也将对鹅卵石的尺寸与形态产生影响。

我们还没有到达终点。未来，大陆将形成海岸线，鹅卵石将躺在海岸线上被海浪冲刷。海岸线是陆地和海洋之间的分界线，它是流动的、短暂的，在被部分冰封的地球的气候剧变期更是如此。冰层生长时，海水就会被抽走，陆地扩大，海洋缩小，海岸线向外扩张。数千年后，随着冰雪消融，海水重新涌入不断扩张的海洋，海岸线就会向内收缩。

在两万年前，我们的鹅卵石躺在不算太深的地下，外面裹着一层薄薄的岩石外壳，壳外还有冰川覆盖。如今，这里是海岸线，但当时的海平面比现在低 100 多米，所以那时的海岸线还要向西延伸，不过没有你想象的那么远，因为那时候也有冰层压在威尔士的山丘上，将陆地整体向下压了数十米。

几千年后，世界各地的冰开始融化（这些冰的融化有时是灾难性的），海平面也在上升。这就逐渐过渡到了我们熟悉的今日世界。在这枚即将破土而出的鹅卵石周围，海水正在涌入，不过陆地也因为失去了冰雪的重压而在缓慢抬升。因此，海岸线随着陆地的抬升和海水的涌入而不断变化着。

　　大约 5 000 年前，海平面基本稳定在今天的位置，现代海岸线开始形成。人类也来到了这里，或者说是回到了这里，因为他们在冰河时期的上一个温暖的间冰期就曾在此生活，距今已有10 万年以上。他们狩猎，开始农耕（这对人类来说是一种新奇的活动），并去寻找矿脉中闪闪发光的金属。我们的鹅卵石目前还是半成品，它在山坡上的鹅卵石地层中，正受到新产生的海浪的侵蚀。随着海浪对岩层的不断侵蚀，它将在几千年后成为一枚独特的鹅卵石。

重见光明

　　相比于之前的漫长岁月，最后的进程可要快得多了，大概只是几个世纪的事情。海浪拍打在新形成的悬崖上，将空气带入岩石的裂缝和空洞中。这些岩石在消失已久的冰层的生长和消融过程中早已变得脆弱不堪。这些裂缝和空洞还显示了更遥远的年代的痕迹：在志留纪时期海床的生成与折叠过程中，岩层逐渐呈现出构造劈理特性（岩体沿着其方向裂成板状），以及之后山脉抬升导致的断裂。在海浪中，压缩的空气加上成吨的水流冲向悬崖，就像一把凿子一样反复敲凿着岩壁。在经历无数次暴风雨后（海浪也会把巨石卷起砸向悬崖），板岩最终松动了，被雕琢出来。有时候，悬崖甚至会整块坍塌，场面十分壮观。

其中一块石板就是我们这枚鹅卵石的来源，它在经历了 4.2 亿年的地底岁月后，终于回到地表。它可能只有几厘米厚（却可能有 1 米宽），其平滑表面由约 3.96 亿年前的地层构造劈理所界定，靠近悬崖底部。石板内包含着我们的鹅卵石，以及其他很多鹅卵石。若要将其中的鹅卵石释放出来，换句话说，对它们进行打磨塑形，首先需要将这块石板砸碎。

　　暴风雨适时出现，它呼啸着卷起石板并砸向悬崖，使石板裂成一块块边缘锋利的碎片。这块石板具有体现了其历史的所有特征，我们在前文中都讨论过，包括浅色和深色的条纹、大小不一的化石（不过从人类的角度来看是小和微小的差别了）、矿物花园，以及交织在一起的化合物和同位素模式，但它的形状仍需要进一步修整。

　　海浪也正沿着海滩，冲刷着其中更容易移动的较小的碎片。潮水涨落之间，这些碎片被推搡汇集到一起，互相碰撞。成千上万次碰撞后，碎片锋利的边缘被磨成了圆润的轮廓，正等待着合适的时机被人拾起——不过还没到时候。

　　在已知的鹅卵石计时器的基础上，我们还能再加上另外 4 个计时器。在加上这些后来的计时器之前，让我们先来盘点一下已经嵌入石头纹理中的计时器。第一，钕同位素告诉我们构成鹅卵石的原料是何时从地幔中释放出来的，以及阿瓦隆尼亚是什么时候形成的。第二，锆石颗粒在 10 亿年前甚至更早的时候，在岩浆室和深山底部结晶。第三，稀少的铼和锇原子随后见证了泥浆落到海床的过程。第四个和第五个是独居石发生结晶，钍原子进行重组，地球深处也许已经形成了石油，黏土矿物也发生了变化。第六，之后在造山运动的压力作用下，受挤压的化石周围生长的云母晶体中，放射性钾元素发生衰变。

这是一个保守的估算。为了把足以写成几本大部头的鹅卵石的故事浓缩进一本小书中，我只是简要地概括了鹅卵石的历史，因此有一些计时器没有写到（例如，有一些计时器可以用来测定矿脉的年代），更不用说那些隐藏在鹅卵石中尚未被发现的计时器了。因此，加上新加入的 4 个，鹅卵石里总共至少有 10 个计时器了。能达到两位数也不错！

地质学家需要这些计时器，因为他们必须处理大量的时间信息。如果有证据证明某些事件发生了，却不知道它们发生的时间和先后顺序，这就会造成极大的混乱——就像搅拌均匀的一锅粥一样完全无法理解。因此，他们绞尽脑汁地寻找尽可能多的方法，去说明何时发生了什么，目前也取得了丰硕的成果。地质学既涉及久远的过去，也涉及刚刚过去的昨天，因此，我们还可以提出其他问题。例如，这枚鹅卵石作为鹅卵石存在了多久？

当这枚鹅卵石卷入另一场千年一遇的风暴时，它被高高地抛到海滩后方的一片碎石滩上。如此之高，如此之远，以至于寻常的风暴都无法通过回流将它带回原本的海滩，让它回到活跃的、不断移动的鹅卵石带。它就这样静静地躺在碎石滩的最顶端，暴露在风雨中。与此同时，三座时钟开始嘀嗒作响，而第四座时钟也即将启动，准确地说，将在 1945 年启动。

一座时钟开始在鹅卵石的上表面形成，另一座则在它的下表面形成，还有一座在它表面的一处或两处形成；而对于第四座时钟，人类还在大脑中构思构造它的方法。让我们先来看看上表面的钟，它因展现出宏伟的气势而首先引起了我们的注意。

从天空俯瞰，一场轰击正在上演：宇宙射线不断穿越太空，撞击沿途的一切物体。它们撞向你我每个人，也撞向裸露的鹅卵石表面，随着时间的推移，它们将对鹅卵石造成巨大的破坏。当它们与硅原子碰撞时，硅原子会被击碎，碎片中的一部分会变成一种寿命短、放射性强的铝原子，而受到撞击的氧原子也会变成具有放射性的铍元素。如果轰击持续足够长的时间，比如几千年，这些放射性的副产品就会积累得足够多，足以被当代的原子计数器检测到。因此，通过计算新原子的数量，就可以估算出岩石表面暴露的时间。这就是宇宙成因核素定年法。这是一项新生技术，诞生不过 20 年。但在这段短短的时间里，它已成为测定地貌和岩石表面年代的标准方法。

接下来看鹅卵石的底部，也有一些原子默默承受了更为局域性的损伤。在海水冲刷、海浪翻滚的过程中，这枚鹅卵石数亿年来首次晒到了太阳。阳光不仅温暖了鹅卵石的表面，还修复了部分矿物（尤其是石英）晶体结构所遭受的辐射损伤。这种累积的损伤源于鹅卵石内部产生的辐射。若将鹅卵石表面与阳光隔绝，这种自我修复机制就会关闭。如果几百年或者上千年没有阳光照射，晶格就会再次出现微小的缺陷和扭曲；而如果在实验室中用可调的光照射，晶格又会恢复原状，并释放出微弱的辐射。通过测量这种辐射的大小，就可以衡量这些晶体身处黑暗中的时间长短。这就是"光激发光"（optically stimulated luminescence）测年法，研究冰河时期的科学家经常用到它，以至于它有了自己的缩写：OSL。这一方法在测定沉积物被埋藏了多久方面具有很高的实用价值。

在鹅卵石表面，还有一种最自然、最保护生态的测年方法。在高高的碎石滩上，在裸露的鹅卵石上空，孢子们在不断地飘动。其中一些孢子会落在鹅卵石表面上。于是，生命开始在鹅卵石上大量繁殖，甚至在光滑的表面上也能找到立足点。地衣开始生长，它们是藻类和真菌的奇异混合体，更准确地来说是共生体。地衣的生长极其缓慢，每年可能只能生长 1 毫米，而且生长速度十分稳定。因此，从地衣的大小就可以看出裸露岩石表面的年龄。这种技术叫作地衣测年法。当然，这项技术也有局限性。首先，地衣多半不会立即在岩石表面开始生长；其次，环境因素也会影响地衣的生长，例如污染等。尽管如此，但地衣测量法只需用到放大镜和尺子，无须使用价值几十万英镑的精密仪器，拥有这样一种计时器还是令人耳目一新的。

最后，还有一座我们自己制造的时钟。1945 年 7 月 16 日，在新墨西哥州阿拉莫戈多，当地时间凌晨 5 时 29 分 45 秒，第一颗原子弹试爆，这座时钟自此开始嘀嗒作响。随后，有被投向广岛和长崎的原子弹爆炸（共造成约 22 万人丧生），还有被禁止前的地面核武器试验，以及更近期的切尔诺贝利核事故，这些事件都产生了新的人造放射性核素，并扩散到世界各地。这些放射性核素，包括钚和一种寿命长的铯同位素，几乎在任何地方都可以检测到。从那时起，在地表出现的一切物质中都能检测到这些放射性核素。可以肯定的是，鹅卵石表面也会有新的放射性核素，因为渴求营养的地衣特别擅长从空气和雨滴中搜集这些放射性核素。

在本书的旅程中，我们经历的时间跨度如此之广，事件也是千变万化。现在，在将这枚鹅卵石送往未来之前，我们终于迎来了与它的短暂相遇。在又一场大风暴中，鹅卵石被冲回沙滩。在被海浪来回冲刷的过程中，它很快就失去了地衣涂层（因此也失去了特殊的地衣时钟），而光激发光时钟也被重置了。不过，宇宙时钟还在继续，因为射线一直不断从外太空射来。当然，还有存在于地球表面任何地方的人造放射性核素时钟。

这枚鹅卵石现在闪闪发光，花纹清晰，吸引着人们的目光。我们可以把它捡起来，坐下来，静静地思考一会儿。这是一个美好的下午。趁着太阳还高高挂在天空，我们可以舒服地坐在沙滩上，稍微思考一下它的历史。

时间一分一秒地过去。天色渐暗，该回家了。这枚鹅卵石被扔到一边，那里还有很多其他的鹅卵石。它们仍有自己的命运要面对，而且是多种不同的命运。

第 13 章

鹅卵石与地球的未来

碎裂

在与人类短暂接触后，这枚鹅卵石再次躺回沙滩上，继续它宁静的生活。把它捡起来又丢掉的人几乎没在它的表面留下什么痕迹，也许有一些指纹，不过潮水也会很快将指纹冲掉。鹅卵石还有着漫长的未来，但很可能最终不会以鹅卵石的形式存在了。人类的行动在很大程度上影响着它作为鹅卵石的时间长短。不过这里说的行动并非指即时、直接的行动，比如建设工人操纵挖掘机挖起鹅卵石，将它铺设在海边的步道上，或者有游客捡起鹅卵石，带回家中收藏——就鹅卵石的长远未来而言，这些决定都只会产生短暂的影响。毕竟，海滨大道易受风雨侵蚀，而纪念品也终将被丢弃。更大的影响可能来自更广泛的人类行动，这个话题我们稍后再谈。目前，我们暂且认为一切都会顺其自然。

在海滩上，鹅卵石的自然环境一直在变化。不久前，它还是悬崖峭壁上一块板岩的一部分，后来短暂地变成了一块棱角分明的大块岩石，紧接着又被海浪和水流打磨光滑。如今，海浪和水流仍在不断地打磨它、侵蚀它，让它越来越小。哪怕是人类的手触碰它，也可能会磨掉一些颗粒。鹅卵石的外观看似耐久，但并不是永恒不变的。那么，磨损一枚鹅卵石需要多长时间？

答案是，磨损的速度快得惊人。仅仅是在潮汐中被浪头拍过，鹅卵石也会变轻，当然了，耗损的重量不到 1/1 000，不过这种重量差异可以轻易被现今精确的电子秤捕捉到。经过一个季节，在海浪激烈的海岸，鹅卵石的质量能减少 1/3 到 1/2。磨损率会因实际情况而有所不同：暴风雨来临时，鹅卵石之间的撞击会在其表面留下明显的撞击痕迹；而在风平浪静的日子里，磨损率会明显下降。

不过，无论白天黑夜，鹅卵石都在不断碎裂。怎样才能挽救它呢？也许我们可以暂时拯救它，不过我们要付出高昂的代价。仅仅是把它从海滩上捡起来，放进客厅的柜子里、博物馆里，是远远不够的。地质学证明，阻止海滩侵蚀的方法便是将其淹没。而从目前的情况来看，我们的文明进程确实可能导致海平面在未来几个世纪里上升几米。这以地质学的标准来说是一种突发的变化了。

如果真是这样，那么碎石滩和悬崖将没入海平面以下，避开破坏性较强的海浪冲击区，被泥沙和淤泥覆盖。如果鹅卵石还在海滩上的某个地方，它将可能以鹅卵石的形态继续存在许多个千年，因为海水可能需要很长时间才能退去。但最终，比如说 10 万年以后，海水终会退去，而鹅卵石将再次受到风浪的侵蚀。

要么是现在，要么在后工业时代的未来，鹅卵石终将碎裂分解。它长久以来的各个组分将分道扬镳，各奔东西。有些组分将在很短的时间内，通过空气和海水环游整个世界，其余组分则会停留在当地。随着时间流逝，即使是剩下的部分也会向外扩散，各自去到很远的地方。

不同组分的演变路径在某种程度上可以预测，至少刚开始时是这样。鹅卵石中的石英颗粒会分散到沙滩上的沙粒和粉砂中。不过，它们的形态与最初抵达志留纪的海底时已经不一样了。在沉积层压缩和折叠形成威尔士山脉的过程中，这些颗粒长期与地下流体接触，从而改变了形状。部分原始颗粒溶解于地下流体中，或是被额外的硅酸盐覆盖。有些颗粒甚至在压力的溶解作用下融合在一起。因此，回到海滩上的已不再是原来单一的颗粒，而是不规则的颗粒团簇，或者以前颗粒的部分。这些物质会在海滩上与其他颗粒一起移动，受到沿岸泥沙流的影响，或被风暴和潮汐带出海洋，进入更深的水域。在这个过程中，颗粒们将会不断分离，轻质的颗粒移动得更快、更远，而重质的颗粒则移动得较慢。

不过，也有些颗粒的形状和质地从落在志留纪海底时开始，几亿年间几乎保持原貌。这些近乎坚不可摧的颗粒包括锆石和与其类似的金红石、电气石等。它们物理性能坚韧，化学性质稳定，造山运动的压力和地下流体的侵蚀几乎不能对它们造成影响。它们从被侵蚀的鹅卵石中释放出来后，最初可能被一些硅酸盐包裹，或者粘有一些石英颗粒或云母片。但是，随着这些颗粒在沙粒中穿梭、颠簸和翻滚，外层黏附的其他颗粒将很快被磨掉。对这些颗粒来说，在一二十亿年中，它们已经经历了多次类似的旅程，不断地从一组地层循环到另一组地层。

这些耐磨的颗粒密度较大，因此它们将从石英颗粒中被分离出来，并通过风力、水流等作用集中到海底水流最强劲的地方，或是堆积在洼地和壶穴中。这就好比在育空河和克朗代克河的冲积矿床中，淘金者需要深入研究水流速度、剪切力和阻力的影响，才能找到黄金颗粒富集最多的区域，从而占领最有利的矿藏地。

构成岩石主体的云母会沿着那些如书页般完美平滑的劈理面剥落。由于这些云母片轻盈脆弱，它们在风和水流的作用下很容易被带走。在离开岩石后，它们将会再次变回泥浆，并迅速从沙粒中分离出来，与沿海岸线移动的其他泥浆颗粒汇合。这些泥浆颗粒可以悬浮在水中长途旅行，最终在某个避风河口的泥滩或盐沼上沉淀下来，或者被带到遥远的深海海底。一旦沉淀下来，它们就会聚集形成黏合层，也许以后会再次被侵蚀、搬运，直至分散并覆盖到更广泛的区域。

这些颗粒现在会重新与生命接触。就被带到浅海中的颗粒而言，它们的经历将与横穿志留纪海洋时非常相似。比如，它们可能会被吃泥的蠕虫整个吞下，或被滤食生物扇叶状的精细器官过滤，或被爬行和行走的甲壳类动物挤到一边，并可能被无处不在的微生物覆盖。而对被吹到陆地上的颗粒来说，它们遇到的景观则会与从前在荒芜的志留纪时截然不同。它们将降落在厚厚的、富含腐殖质的活土中，在那里植物的根系无处不在。

微生物也等着迎接那些仍留在鹅卵石中的残余有机物，它们希望能够捕捉到零星散逸出来的碳元素，以求美餐一顿。遗憾的是，恐怕它们很难成功，因为大部分碳元素都只会以石墨的形式存在，即使是微生物也很难消化。这些黑色的石墨屑将与泥浆一起被冲走，形成新的沉积层，最终形成新的地层。碳元素还来不及重新加入生物循环，就再次在地底沉睡了。

不过，总会有一些碳元素被消化、消耗，加入生命的大循环，从微生物、原生动物、蠕虫、鱼类，可能一路攀升至人类。在代谢、排泄、再吸收的过程中，碳元素一直在移动，可能是通过海水，也可能是通过植物（比如移动的浮游藻类）或者动物的身体。碳元素在呼吸作用中被转化为二氧化碳气体，首先是溶解在海水中，然后释放到大气中，随风飘荡，环游世界。然后，它会再次溶解在雨水中，返回陆地或海洋，腐蚀岩层或浮游生物的壳体，或者被陆地或海洋中的植物吸收，进而成为食草动物和食肉动物的食物。最终，动植物的尸骸会沉入海底，被埋藏在新地层中，等待再次进入地底世界。

在这一阶段，每个碳原子都将走上自己的路，与曾经相邻的其他碳原子挥手告别，再不相见。它们中有些甚至会被带入太空，进入平流层，被太阳风从地球上带走；有些则会被带入地球深处，被某个正在下降的大洋板块卷入，然后进入地幔，也许会在那里融入一粒正在生长的钻石晶体。离别终有时，相聚再无期。

鹅卵石中的其他成分也将开启长途旅行。笔石遗骸中填充的黄铁矿，或是散布在鹅卵石中的莓状黄铁矿，它们经受住了造山运动的压力，却没能经受住威尔士海岸温和的风吹雨淋，或是海水的浸泡。"愚人金"将会很快褪去鲜艳的金黄色，硫化物被氧化成硫酸盐，而铁则转变为氢氧化物。原本闪着金光的笔石内部将会充满易碎的橙色铁锈，甚至这些铁锈最终也会脱落，只留下笔石的空腔，就像笔石群死亡时落在志留纪海底那样。从黄铁矿中释放出来的硫酸盐可能会与钙结合，形成半透明的透石膏小晶体（石膏的一种形式），也可能只是汇入海洋巨大的硫酸盐储备。

硫酸根离子一旦溶解在海洋中，可能会随洋流漂流数千年。最终，它可能会漂流到海底附近，扩散到表层沉积层，然后进入缺氧区，被某些微生物用作能量来源，转化为硫化物，而后再次转化为黄铁矿；它们也可能会漂流到某条炎热、干旱的海岸线上的浅潟湖中，在湖水蒸发后结晶成石膏；再或者，它可能被海藻吸收，并以硫酸二甲酯气溶胶的形式释放到大气层中，以这种形式"播下"微小的水滴，形成云和雨。曾经共享同一座"笔石之家"的硫原子们最终就以这样的形式分开了。

另外的一些原子则更难分开。独居石晶体形成于岩石产生石油的时候，它们并不像锆石那样坚硬，这可能是因为它们含有黏土杂质，但它们仍然足够耐久。这些晶体通常以椭圆形颗粒的形式从板岩中被侵蚀出来，大小和大头针的大头差不多。和锆石类似，独居石晶体的密度很大，因此在较轻的普通沉积物颗粒被冲散的地方，它们会聚集在一起。在威尔士的溪流和河流中，人们发现了大量这样的侵蚀晶体，并称它们为"独居石砂"。然而，关于它们最终能传播多远的问题，目前还没有明确的答案。这些晶体直到最近才被人们作为独立的现象认识到。我们还不清楚它们是否曾像锆石一样，被重新整合到更年轻的地层中。目前这方面的研究还很不足。

曾经穿越太空，穿越地球上的山与海的颗粒，最终在鹅卵石中相遇。而在遥远的未来，它们也将头也不回地离开，相隔越来越远。大部分颗粒将留在地球上，而不是像某些游离的碳原子那样向外太空扩散。它们迟早都会融入新的地层，这些地层会依次被掩埋、压实、硬化、矿化、在山带中形成褶皱、隆起、被侵蚀。随着时间推移，无数新的鹅卵石将在不同的地方、不同的时间点出现，每一枚鹅卵石上都有我们最初那枚鹅卵石的一小部分。新鹅卵石的组成成分可能仍然以沙子、淤泥或泥浆为主，不过鹅卵石颗粒也会出现在石灰岩、盐沉积层、新的石油和天然气沉积层以及岩浆中，成为一些玄武岩或花岗岩的微小组成部分。随着地球上的生命持续演化，新的地层会携带新的动物和地球残骸，用达尔文的话说："生命如是之观，何等壮丽恢弘！"[①]

尾声

物质的循环还会持续多久？除非发生不可预见的灾难，无论是自然的还是人为的，否则这些循环还将持续 10 亿年，也许是 20 亿年。这样久的时间足以形成好几代鹅卵石了。直到垂死的太阳变大，热核火焰变得更亮时，地球将会失去海洋，海水将逐渐蒸发，并逐渐剥离到太空；它也将失去富含氧气的大气层，并失去生命——微生物会是最后消失的生命。无论如何，生命的终点应该很糟糕。地球的金属内核将完全或大部分凝固，导致地球磁场消失，使地球完全暴露在太阳风和宇宙射线之下。

届时，组成鹅卵石的颗粒将散落在地球上的各个地层中，而这些地层将是我们如今这个更年轻、更温和的地球的遗迹了。地球的晚景，对我们来说将显得极为陌生。到那时，地球周围很可能还被某种气体包裹着，所以会有风，但不会有雨滴、溪流、河流或湖泊。风会吹散那些松散的沉积物，形成沙丘，就像现在火星上的场景一样。悬崖和峭壁不时地因为岩崩而倒塌，因为重

---

① 摘自达尔文《物种起源》，苗德岁译本。——译者注

力仍与今天无异。造山运动还会持续一段时间，直到板块构造的引擎彻底停歇——随着地球放射性热量的减少，这一引擎的动力也会越来越弱。还有，没了水这种最重要的润滑剂，就像汽车发动机没了机油，海洋板块因为摩擦力过大，也没法继续俯冲了。

地球的余热仍须释放，因此火山活动仍将持续一段时间。随着太阳逐渐熄灭，我们的星球将进入永恒的黑夜，仅剩银河系中其他恒星的一点儿微光。在如此遥远的未来，鹅卵石的循环将走向终结，它将陷入长眠。当太阳系走向终点时，留存下来的唯有灰烬。

不过，也有例外的可能。在约 50 亿年后，太阳即将步入其生命周期的最后阶段——红巨星时期。在此期间，地球、水星及金星的残骸有可能被太阳吞噬。然而，随着太阳的质量逐渐减小，地球的轨道有望向外移动。若移动速度足够快，地球便有可能逃脱被太阳吞噬的命运，这或许可理解为某种意义上的重生。但是，这一重生的过程充满了不确定性，地球未必能够成功逃逸。地球也有可能被捕获，被拖向膨胀的太阳内部，螺旋坠落并随着太阳外部物质被喷出而最终变成气体。而太阳最终将坍缩成为一颗白矮星，大小与地球相差无几。

我们的太阳无法成为一颗超新星，以璀璨的爆发在宇宙舞台上宣告它的离去。它没有能力创造出如哈勃望远镜看到的猫眼星云、暹罗双星或红蜘蛛星云那样令人惊叹的景象。这些壮丽的星云是由其他更大、更明亮的恒星所塑造的，而我们的太阳过于微小，无法成就这样的壮丽。然而，太阳在它的最后阶段，将会以一种独特的方式影响周围的物质。它将用最后的爆发将地球这个曾经美丽的星球的蒸气送入广袤无垠的星际空间，形成一种独特的矿物流散。

宇宙尘埃中可能会夹杂一些我们的鹅卵石原子，在星系间飘散。最终，它们可能会被新生恒星系统捕获，进而孕育出新的行星。这样的事虽然概率渺茫，但并非绝对不可能。毕竟，这颗玲珑剔透的星球上关于这枚鹅卵石的所有故事都是这么发生的。

所以，也许一切都可以重新开始。

致
谢

本书是在与牛津大学出版社的优秀编辑拉塔·梅农的交谈中诞生的。随后，她又细心地协助本书以如今的样子呈现在读者面前。牛津大学出版社的其他工作人员，埃玛·马钱特和凯特·法夸尔–汤姆森，在本书出版的不同阶段做出了很多贡献，我与他们的合作非常愉快。感谢蒂姆·科尔曼、简·埃文斯、萨拉·加伯特、理夏德·克里扎、亚历克斯·麦克、斯图尔特·莫利纽克斯、梅拉妮·伦格、德里克·雷恩、阿德里安·拉什顿、安迪·桑德斯、萨拉·夏洛克、泰斯·范登布鲁克和迪克·沃特斯进一步提升了本书的各个部分，蒂姆·科尔曼、萨拉·加伯特、理夏德·克里扎、罗布·威尔逊和泰斯·范登布鲁克也提供或帮助提供了书中的插图。在此，我向他们表示衷心的感谢。而书中如果存在纰漏，都是我的粗笨疏忽所致。

除此以外，这本"鹅卵石之书"的大部分内容都是对我截至目前进行的研究工作的总结。在我职业生涯的很大一部分时间里，我的工作或多或少都围绕着解开威尔士板岩错综复杂的奥秘。在这方面，我非常感谢远远近近的一众同事，是他们让我了解了这种岩石，以及它被严重低估的价值（唉，它往往给人一种潮湿、灰暗而单一的印象）。在英国地质调查局工作期间，我绘制了威尔士中部丘陵的地图。我首先要感谢与我共事的野外地质学家——迪克·凯夫、迪克·沃特斯、杰里·戴维斯、戴夫·威尔逊、克里斯·弗莱彻和戴夫·斯科菲尔德、托尼·里德曼、约翰·阿斯普登以及其他一些人。他们年复一年、风雨无阻地在野外进行着漫长的工作，积累了丰富的技能和专业知识；他们的工作有着不可估量的重要价值。以一个旁观者的角度来看，我认为他们对这些复杂岩石的艰深研究，构成了英国地质学的真正经典。

简·埃文斯和托尼·米洛多斯基在解开稀土之谜和其他许多方面发挥了关键作用；萨拉·夏洛克研究了威尔士板岩中氩的奥秘；迪克·梅里曼和布林·罗伯茨研究了其中的黏土矿物和云母；基思·鲍尔和梅拉妮·伦格研究了这些岩石的化学性质；亚历克斯·佩奇从这些岩石中解密了远古生命和气候。阿德里安·拉什顿、丹尼斯·怀特、马克·威廉斯、巴里·里卡兹、戴维·洛伊德尔、史蒂夫·滕尼克里夫、迈克·豪、斯图尔特·莫利纽克斯、菲尔·威尔比和休·巴伦等人也在化石世界——这一近乎无限的、代表过往生命的世界中穿行。自我加入莱斯特大学以来，我一直接触着这类地质学，主要是间接受到了萨拉·加伯特、迈克·布兰尼、迈克·诺里、约翰·赫德森、史蒂夫·坦珀利、迪克·奥尔德里奇、戴维·西韦特、安德烈亚·斯内林、安娜·乔佩–琼斯、安妮–玛丽·菲迪、林赛·泰勒、鲍勃·加尼斯和泰斯·范登布鲁克等同事的影响。从事威尔士板岩相关研究的其他同事包括奈杰尔·伍德科克、丹尼斯·贝茨、理查德·福蒂、罗宾·科克斯、霍华德·阿姆斯特朗、德里克·西维特，以及所有与那些可以称得上传奇的研究团队有关联（即便是微小关联）的成员，那些研究团队包括勒德洛研究组（LRG）、英国和爱尔兰笔石组（BIG G），以及更近一些成立的威尔士盆地组。回顾我自己的研究历程，约翰·诺顿和哈里·惠廷顿两位同事在科研道路上为我提供了关键的协助与指引。

对于他们，以及更多其他同事，我感激不尽。书中的很多故事都凝结着他们的心血，因此我希望将这本书献给他们。

除此之外，鹅卵石和岩石也与我的生活经历有着很深的渊源。感谢我的父母和姐姐在我幼时耐心地包容我、支持我、鼓励我挖掘石头，尽管我坚持要把大量石头一趟趟运进我家那栋小房子里。如今，我的妻子卡西亚和儿子马特乌什也花了大量时间推敲书中的文字，而当我以周计、以月计地待在威尔士的山丘与田野中时，他们更是帮我分担了诸多辛苦的工作。对他们，我永远心存感激。

在地质学领域，很少有书籍能够深入研究如此局部的主题。然而，我的确有一位卓越且富有传奇色彩的前辈。他就是乡村医生、最早的现代恐龙学家吉迪恩·曼特尔。他于 1836 年出版了著作《关于鹅卵石的思考》(*Thoughts on a Pebble*)。这本书不仅引人入胜，而且至今仍具有很强的启发性。尽管它一个多世纪前就已绝版，但借助互联网，我们仍然可以轻松获取它的内容。书中讲述的地质学具有非凡的预见性，它还收录了拜伦、沃尔特·司各特、珀西瓦尔等大师的诗篇，以及豪伊特夫人的押韵对句——她以生动的语言描绘了珍珠般的鹦鹉螺，称其"富含力与美"。关于同类型的书，我还强烈推荐出版时间更近的迈克尔·韦兰（Michael Welland）的《沙》(*Sand*，牛津大学出版社 2008 年版），这本书以优美的语言讲述了沙这种千差万别的物质无穷无尽的故事。

除了对沉积颗粒的研究，还有一些书籍深入探讨了孕育这枚鹅卵石的地球本身。这些书籍不仅具有很强的启发性，而且充满了趣味性。以下是一份精选书单：

Clarkson, E.N.K. & Upton, B. 2009. *Death of an Ocean: A Geological Borders Ballad.* Dunedin Academic Press.

Fortey, Richard. 2005. *Earth.* Harper Perennial.

Hardy, A. 1956. *The Open Sea: Its Natural History. Part 1. The World of Plankton.* Fontana New Naturalist.

Kunzig, Robert. 2000. *Mapping the Deep: The Extraordinary Story of Ocean Science*, Sort Of Books.

Levi, P. 1975. *The Periodic Table.* Penguin Classics.

Lewis, C.L.E. & Kuell, S.J. (eds) 2001. *The Age of the Earth: From 4004 BC to AD 2002.* Geological Society, London.

Nield, Ted. 2007. *Supercontinent: Ten Billion Years in the Life of Our Planet.* Granta Books.

Osborne, Roger. 1999. *The Floating Egg: Episodes in the Making of Geology.* Pimlico.

Palmer, D. & Rickards, B. (eds) 1991. *Graptolites: Writing in the Rocks.* Boydell Press, Woodbridge, Suffolk.

Redfern, Martin. *The Earth: A Very Short Introduction.* Oxford University Press.

Rhodes, F.T., Stone, R.O. & Malamud, B.D. 2008. *Language of the Earth* (2nd edition). Blackwell Publishing.

Stow, Dorrik. 2010. *Vanished Ocean: How Tethys Reshaped the World*. Oxford University Press.

Trewin, Nigel. 2008. *Fossils Alive!: New Walks in an Old Field*. Dunedin Academic Press.

Weinberg, S. 1977. *The First Three Minutes: A modern View of the Origin of the Universe*. Basic Books.

参考文献

以下的这些精选论文提供了鹅卵石及地质学相关的一系列科学知识，包括观察、分析和推论等，它们正是本书形成的基石。当然，相关论文远不止这么多：人类的集体智慧成就了一幅令人叹为观止的画卷，它的深度和丰富性堪比自然界中的任何奇观。它犹如一面镜子，映照出世界的神秘与美丽。这面镜子被遮蔽了一部分，也并非完美无瑕，还有许多未知的领域，留待进一步的探索和发现。

第 1 章

Ball, T.K., Davies, J.R., Waters, R.A. & Zalasiewicz, J.A. 1992. Geochemical discrimination of Silurian mudstones according to depositional process and provenance within the Southern Welsh Basin. *Geological Magazine* **129**, 567–572.

Dutch, S.I. 2005. Life (briefly) near a supernova. *Journal of Geoscience Education* **53**, 27–30.

Herbst, W. et al. 2008. Reflected light from sand grains in the terrestrial zone of a protoplanetary disk. *Nature* **452**, 194–197.

Russell, S. 2004. Stars in stones. *Nature* **428**, 903–904.

第 2 章

Jacobsen, S.B. 2003. How old is Planet Earth? *Science* **300**, 1513–1514.

Kiefer, W.S. 2008. Forming the martian great divide. *Nature* **453**, 1191–1192.

Lister, J. 2008. Structuring the inner core. *Nature* **454**, 701–702.

Murphy, J.B., Strachan, R.A., Nance, R.D., Parker, K.D. & Fowler, M.B. 2000. Proto-Avalonia: A 1.2–1.0 Ga tectonothermal event and constraints for the evolution of Rodinia. *Geology* **28**, 1071–1074.

Priem, H.N.A. 1987. Isotopic tales of ancient continents. *Geologie en Mijnbouw* **66**, 275–292.

Widom, E. 2002. Ancient mantle in a modern plume. *Nature* **420**, 281–282.

Witze, A. 2006. The start of the world as we know it. *Nature* **442**, 128–131.

Wood, B.J., Walter, M.J. & Wade, J. 2006. Accretion of the Earth and segregation of its core. *Nature* **441**, 825–833.

第 3 章

Carrapa, B. 2010. Resolving tectonic problems by dating detrital minerals. *Geology* **38**, 191–192.

Merriman, R.J. 2002. The magma-to-mud cycle. *Geology Today* **18**, 67–71.

Morton, A.C., Davies, J.R. & Waters, R.A. 1992. Heavy minerals as a guide to turbidite provenance in the Lower Palaeozoic southern Welsh Basin; a pilot study. *Geological Magazine* **129**, 573–580.

Phillips, E.R. et al. 2003. Detrital Avalonian zircons in the Laurentian Southern Uplands terrain, Scotland. *Geology* **31**, 625–628.

第 4 章

Davies, J.R., Fletcher, C.J.N., Waters, R.A., Wilson, D., Woodhall, D.G. & Zalasiewicz, J.A. 1997. Geology of the country around Llanilar and Rhayader. *Memoir of the British Geological Survey*, Sheets 178 & 179 (England and Wales), xii ＋ 267 pp.

第 5 章

Cave, R. 1979. Sedimentary environments of the basinal Llandovery of mid-Wales. In: Harris, A. L., Holland, C. H. & Leake, B. E., (eds) *Caledonides of the British Isles: Reviewed*. Geological Society, London. Special Publications **8**, 517–526.

Diaz, R.J. & Rosenberg, R. 2008. Spreading dead zones and consequences for marine ecosystems. *Science* **321**, 926–929.

Jones, O.T. 1909. The Hartfell–Valentian succession in the district around Plynlimon and Pont Erwyd (North Cardiganshire). *Quarterly Journal of the Geological Society, London* **65,** 463–537.

Page, A., Zalasiewicz, J.A., Williams, M., & Popov, L.E. 2007. Were transgressive black shales a negative feedback modulating glacioeustasy in the Early Palaeozoic Icehouse? From: Williams, M., Haywood, A.M., Gregory, F.J. & Schmidt, D.N. (eds) *Deep-Time Perspectives on Climate Change: Marrying the Signal from Computer Models and Biological Proxies*. The Micropalaeontological Society, Special Publications. Geological Society, London, 123–156.

Thornton, S.E. 1984. Basin model for hemipelagic sedimentation in a tectonically active continental margin: Santa Barbara Basin, California Continental Borderland. In: Stow, D.A.V. & Piper, D.J.W. (eds) *Fine-Grained Sediments: Deep-Water Processes and Facies*. Geological Society, London, Special Publication **15**, 377–394.

第 6 章

Crowther, P.R. & Rickards, R.B. 1977. Cortical bandages and the graptolite zooid. *Geology and Palaeontology*, **11**, 9–46.

Katija, K. & Dabiri, J.O. 2009. A viscosity-enhanced mechanism for biogenic ocean mixing. *Nature* **460**, 624–626.

Lapworth, C. 1878. The Moffat Series. *Quarterly Journal of the Geological Society, London* **34**, 240–346.

Loydell, D.K. 1992–93. *Upper Aeronian and lower Telychian (Llandovery) graptolites from western mid-Wales*. The Palaeontographical Society, London, Publ. 589 for vol. 146 (1992), 1–55; publ. 592 for vol. 147 (1993), 56–180.

Molyneux, S.G. 1990. Advances and problems in Ordovician palynology of England & Wales. *Journal of the Geological Society, London* **147**, 615–618.

Paris, F. & Nõlvak, J. 1999. Biological interpretation and paleobiodiversity of a cryptic fossil group: the 'chitinozoan animal'. *Geobios* **32**, 315–324.

Rickards, R.B., Hutt, J.E. & Berry, W.B.N. 1977. Evolution of the Silurian and Devonian graptoloids. *Bulletin of the British Museum (Natural History) Geology* **28**, 1–120, pls 1–6.

Rushton, A.W.A. 2001. The use of graptolites in the stratigraphy of the Southern Uplands: Peach's legacy. *Transactions of the Royal Society of Edinburgh: Earth Sciences* **91**, 341–347.

Sudbury, M. 1958. Triangulate monograptids from the *Monograptus gregarius* Zone (lower Llandovery) of the Rheidol Gorge (Cardiganshire). *Philosophical Transactions of the Royal Society of London* B**241**, 485–555.

Underwood, C.J. 1993. The position of graptolites within Lower Palaeozoic planktic ecosystems. *Lethaia* **26**, 189–202.

Zalasiewicz, J.A. 2001. Graptolites as constraints on models of sedimentation across Iapetus: a review. *Proceedings of the Geologists' Association* **112**, 237–251.

Zalasiewicz, J.A., Taylor, L., Rushton, A.W.A., Loydell, D.K., Rickards, R.B. & Williams, M. 2009. Graptolites in British stratigraphy. *Geological Magazine* **146**, 785–850.

第 7 章

Armstrong, H.A. et al. 2009. Black shale deposition in an Upper Ordovician–Silurian permanently stratified, peri-glacial basin, southern Jordan. *Palaeogeography, Palaeoclimatalogy, Palaeoecology* **273**, 368–377.

Bates, D.E.B. & Loydell, D.K. 2003. Parasitism on graptoloid colonies. *Palaeontology* **43**, 1143–1151.

Brenchley, P.J. et al. 1994. Bathymetric and isotopic evidence for a short-lived late Ordovician glaciation in a greenhouse period. *Geology* **22**, 295–298.

Loydell, D.K., Zalasiewicz, J.A. & Cave, R. 1998. Predation on graptolites: new evidence from the Silurian of Wales. *Palaeontology* **41**, 423–427.

Selby, A. & Creaser, R.A. 2005. Direct dating of the Devonian–Mississippian timescale boundary using the Re–Os black shale geochronometer. *Geology* **33**, 545–548.

第 8 章

Chopey-Jones, A., Williams, M. & Zalasiewicz, J.A. 2003. Biostratigraphy, palaeobiogeography and morphology of the Llandovery graptolites *Campograptus lobiferus* (M'Coy) and *Campograptus harpago* (Törnquist). *Scottish Journal of Geology* **39**, 71–85.

Cocks, L.R.M. & Fortey, R.A. 1982. Faunal evidence for oceanic separations in the Paleozoic of Britain. *Journal of the Geological Society, London* **139**, 465–478.

Cocks, L.R.M. & Torsvik, T.H. 2002. Earth geography from 500 to 400 million years ago: A faunal and palaeomagnetic review. *Journal of the Geological Society of London* **159**, 631–644.

Dunlop, D.J. 2007. A more ancient shield. *Nature* **446**, 623–625.

Olsen, P. 2009. Tectonics at the Earth's core. *Nature Geoscience* **2**, 379–380.

Vandenbroucke, T.R.A. et al. 2009. Ground-truthing Late Ordovician climate models using the palaeobiogeography of graptolites. *Palaeoceanography* **24**, PA4202, doi:10.1029/2008PA001720.

Wilson, D., Davies, J.R., Waters, R.A. & Zalasiewicz, J.A. 1992. A fault-controlled depositional model for the Aberystwyth Grits turbidite system. *Geological Magazine* **129**, 595–607.

第 9 章

Bjerreskov, M. 1991. Pyrite in Silurian graptolites from Bornholm, Denmark. *Lethaia* **24**, 351–361.

Nealson, K.H. 2010. Sediment reactions defy dogma. *Nature* **463** 1033–1034.

Raiswell, R. & Berner, R.A. 1985. Pyrite formation in euxinic and semi-euxinic sediments. *American Journal of Science* **285** (8), 710–724.

Smith, R. 1987. *Early diagenetic phosphate cements in a turbidite basin.* Geological Society of London, Special Publications **36**, 141–156.

第 10 章

Evans, J.A., Zalasiewicz, J.A., Fletcher, I., Rasmussen, B. & Pearce, N.G. 2002. Dating diagenetic monazite in mudrocks: constraining the oil window? *Journal of the Geological Society of London* **159**, 619–622.

Evans, J.A., Zalasiewicz, J.A. & Chopey-Jones, A. 2008. The effect of small- and large-scale facies architecture of turbidite mudrocks on the behaviour of isotope systems during diagenesis. *Sedimentology* **56**, 863–872.

Evans, J.A. & Zalasiewicz, J.A. 1996. U–Pb, Pb–Pb and Sm–Nd dating of authigenic monazite: implications for the diagenetic evolution of the Welsh Basin. *Earth and Planetary Science Letters* **144**, 421–433.

Milodowski, A.E. and Zalasiewicz, J.A. 1991. Redistribution of rare earth elements during diagenesis of turbidite/hemipelagite mudrock sequences of Llandovery age from central Wales. In: Morton, A.C., Todd, S.P. & Houghton, P.D. (eds) *Developments in Sedimentary Provenance Studies*. Geological Society, London. Special Publications **57**, 101–124.

Williams, S.H., Burden, E.T. & Mukhopadhyay, P.K. 1998. Thermal maturity and burial history of Paleozoic rocks in western Newfoundland. *Canadian Journal of Earth Sciences* **35**, 1307–1322.

Zalasiewicz, J.A. & Evans, J. 1998. The Amazing Mud Factory. *Chemistry in Britain* **12**, 21–24.

第 11 章

Milodowski, A.E. and Zalasiewicz, J.A. 1991. The origin and sedimentary, diagenetic and metamorphic evolution of chlorite-mica stacks in Llandovery sediments in central Wales, UK *Geological Magazine* **128**, 263–278.

Page, A.A., Gabbott, S.E., Wilby, P.R. & Zalasiewicz, J.A. 2008. Ubiquitous Burgess-Shale-style "clay templates" in low-grade metamorphic mudrocks. *Geology* **36**, 855–858.

Sherlock, S.C., Zalasiewicz, J.A., Kelley, S.P. & Evans, J. 2008. Excess 40Ar uptake during slate formation: a 40Ar/39Ar UV laserprobe study of muscovite strain-fringes from the Palaeozoic Welsh Basin, UK. *Chemical Geology* **257**, 206–220.

Wilby, P.R. et al. 2006. Syntectonic monazite in low-grade mudrocks: a potential geochronometer for cleavage formation? *Journal of the Geological Society* **163**, 1–4.

Woodcock, N.H., Soper, N.J. & Strachan, R.A. 2007. A Rheic cause for the Acadian deformation in Europe. *Journal of the Geological Society* **164**, 1023–1036.

Sherlock, S.C., et al. 2003. Precise dating of low-temperature deformation: strain-fringe dating by Ar/Ar laserprobe. *Geology* **31**, 219–22.

第 12 章

Bevins, R. 1994. *A mineralogy of Wales*. University of Wales Press.
Okamoto, A. & Tsuchiya, N. 2009. Velocity of vertical fluid ascent within vein-forming fractures. *Geology* **37**, 563–566.